献给北京照明学会成立四十周年

北京照明学会　一九七九—二〇一九

我们一起走过

北京照明学会成立四十周年纪念专辑

北京照明学会　编著

中国建筑工业出版社

图书在版编目（CIP）数据

我们一起走过：北京照明学会成立四十周年纪念专辑/北京照明学会编著. —北京：中国建筑工业出版社，2019.4
ISBN 978-7-112-23171-3

Ⅰ.① 我… Ⅱ.① 北… Ⅲ.①照明-社会团体-北京-纪念文集 Ⅳ.① TU113.6-232.1

中国版本图书馆CIP数据核字（2019）第007564号

责任编辑：刘 静 徐 冉
书籍设计：锋尚设计
责任校对：王 烨

我们一起走过　北京照明学会成立四十周年纪念专辑
北京照明学会　编著

*

中国建筑工业出版社出版、发行（北京海淀三里河路9号）
各地新华书店、建筑书店经销
北京锋尚制版有限公司制版
北京富诚彩色印刷有限公司印刷

*

开本：880×1230毫米　1/16　印张：14¾　字数：418千字
2019年4月第一版　2019年4月第一次印刷
定价：280.00元
ISBN 978-7-112-23171-3
（33250）

版权所有　翻印必究
如有印装质量问题，可寄本社退换
（邮政编码100037）

编辑委员会

主　　任　徐　华

副 主 任　（以姓氏拼音排序）
　　　　　　曹卫东　常志刚　华树明　梁　毅　荣浩磊　王政涛
　　　　　　萧　宏　姚赤飙　姚梦明　张宏鹏　赵建平　庄申安

特邀顾问　吴初瑜　肖辉乾　戴德慈　汪　猛　贾建平　王大有　王晓英

顾　　问　（以姓氏拼音排序）
　　　　　　邴树奎　高纪昌　高执中　洪元颐　霍　焰　姜常惠　李德富
　　　　　　李景色　林若慈　任元会　孙怡璞　汪茂火　王立昌　王谦甫
　　　　　　魏春翊　徐长生　杨臣铸　詹庆旋　张　敏　张绍纲　张耀根

委　　员　（以姓氏拼音排序）
　　　　　　戴宝林　龚殿海　关　利　江　波　姜丽娜　李　丽　李继平
　　　　　　李俊民　李奇峰　李铁楠　刘　慧　王　磊　王春龙　闫　石
　　　　　　张秋燕

主要编辑人员

主　　编　徐　华

副 主 编　戴德慈　王政涛

编　　委　王晓英　张秋燕　姜丽娜

我们一起走过

天坛夜景（北京平年照明技术有限公司、清华大学建筑设计研究院有限公司提供）

理事长寄语

光阴荏苒，日月如梭，蓦然回首，北京照明学会已到不惑之年。

北京照明学会成立于1979年3月2日，伴随着国家的改革开放一起成长，学会的开创者大都进入了耄耋之年，甚至有的已经离世，四十年的辉煌，令人难忘，纪念过去，回顾学会成长的历程，以便后人不忘初心，更好地展望未来。

四十年一路走来，学会汇聚了照明行业老、中、青各方面的专家及照明科技工作者，人才济济，他们为学会的发展不计得失，只讲责任与奉献，让我们想起中华人民共和国改革开放40周年的纪录片《我们一起走过》。的确，我们也应纪念我们一起走过的日子，记录那段"青葱"的岁月、那抹橘红色的记忆、那首优美的旋律……无论是风还是雨，无论是霜还是雪，我们一起走过！

四十年一路走来，北京照明学会在北京市科协领导下，积极开展国内外学术交流、技术咨询和科普活动，坚持不懈地做好"为政府服务、为企业服务、为会员服务"，协助北京城市管理委员会和北京市发改委等主管部门，为北京城市夜景照明建设和绿色照明推广应用做了大量的技术支撑工作，推动了北京照明事业的健康发展，业峻鸿绩，硕果累累！

四十年一路走来，会员彼此相扶，砥砺前行，前辈和新锐为学会倾注了辛劳和汗水，形成了"开拓进取、求真务实、乐于奉献"的优良会风，薪火相传。北京市乃至全国每逢重大活动，都有北京照明学会专家和会员的身影，我们多次被评为北京市先进学会、北京市先进社会团体，被首都精神文明建设委员会命名为"首都文明单位标兵"，被民政局评定为4A级学会。过去的岁月已不再停留，我们更应该把握现在，孜孜不倦，拼搏进取，再创辉煌！

四十年一路走来，我们也忘不了全国各兄弟学会的信任和帮助，有了你们的支持，才使得我们的各项工作取得了显著成绩。

照明行业是一个光明的行业，是一个欣欣向荣的行业，也是一个日新月异的行业，从传统照明到LED照明，照明让我们的城市更美丽，让我们的生活更美好。北京照明学会任重道远，"长风破浪会有时，直挂云帆济沧海"，让我们脚踏实地、勇于创新、敢于担当、不断总结经验，助推我们的照明事业更上一层楼！

在北京照明学会成立40周年之际，我谨代表学会对关心支持北京照明学会的各位领导、同仁表示衷心感谢！祝各位老专家健康长寿！祝各位会员心想事成！

2018.12

我们一起走过

人民大会堂室内（人民大会堂管理局提供）

前 言

本专辑讲述的是北京照明学会四十年的发展故事。

四十年来，北京照明学会伴随着祖国的改革开放和辉煌发展走过了诞生、成长和壮大的风雨历程。今天，我们用文字和图片回眸她的过去，记录她的足迹，展示她四十年骄人的业绩！谨以此，向所有和她一起走过，为她的发展作出过贡献的同志和朋友们送上一份诚挚的感谢！向北京照明学会献上一份四十华诞祝福，祝福她继续弘扬"开拓进取，求真务实，乐于奉献"的优良会风，不断增强生机与活力，向着首都北京和我国照明事业的春天再出发！

本专辑许多史料来自《北京照明学会二十五年》和《北京照明学会大事记（2004年1月～2013年12月）》，其内容十分宝贵且易于检索；不少图片为学会档案翻拍而成，有的则为会员个人提供，实属来之不易。由于时间紧迫，肯定还有一些非常有价值的珍藏尚未收集到。专辑中"奋进的历程"一章以历史时序为轴线，以大事项为节点，分类别编辑。为满足读者对某一要件的来龙去脉集中了解的需求，有时会"穿越时空"，将某要件集成于一个节点上。"难忘的记忆"一章中所收录的文章虽文体、风格、长短各不相同，但均为作者亲自撰写，情真意切，就顺其自然了。

由于时间有限，本专辑一定存在不少疏漏和不足，欢迎读者指正。

清华大学百年讲堂室内（清华大学建筑设计研究院有限公司提供）

贺信、贺辞

北京市科学技术协会

贺　信

北京照明学会：

　　欣闻北京照明学会成立40周年，谨代表北京市科协向你会表示热烈祝贺，向北京地区照明领域广大科技工作者致以诚挚的问候！

　　40年来，北京照明学会沐浴着改革开放的春风成长发展，从无到有，从小变大。在广大科技工作者的关注下，在历届理事会的领导下，学会坚持依法依规依章程开展活动，带领广大科技工作者积极开展经理学术、创新簇、科普双升级和专业智库群等实践活动，在加强学会建设方面积累了很多好的经验，在促进北京地区照明科技发展进步方面做出了卓越贡献，在服务会员创造性地开展工作方面充分发挥了桥梁与纽带作用，学会工作水平不断提高，影响力逐步扩大。

　　希望你会以成立40周年为契机，以习近平新时代中国特色社会主义思想和十九大精神为指引，准确把握定位，坚持办会宗旨，牢记在新时代肩负的使命和责任，按照科协系统深化改革的要求，总结成功经验，不断开拓进取，团结引领广大科技工作者为北京建设具有全球影响力的科技创新中心和世界一流的和谐宜居之都做出新的更大贡献！

北京市科学技术协会
2018年10月

北京市科学技术协会　贺信

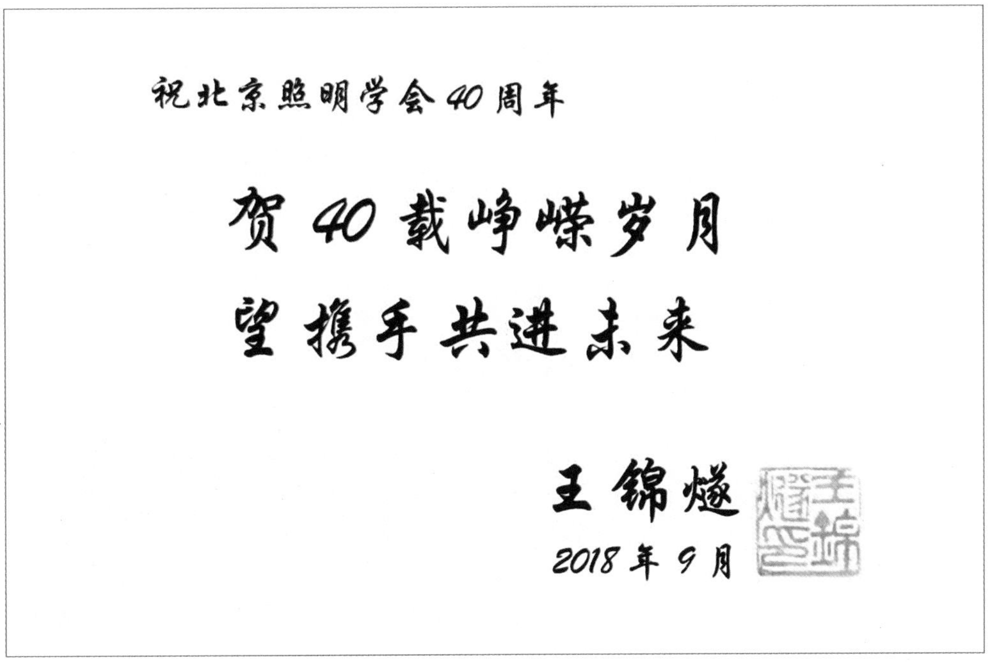

祝北京照明学会40周年

贺40载峥嵘岁月
望携手共进未来

王锦燧
2018年9月

中国照明学会前理事长王锦燧　贺辞

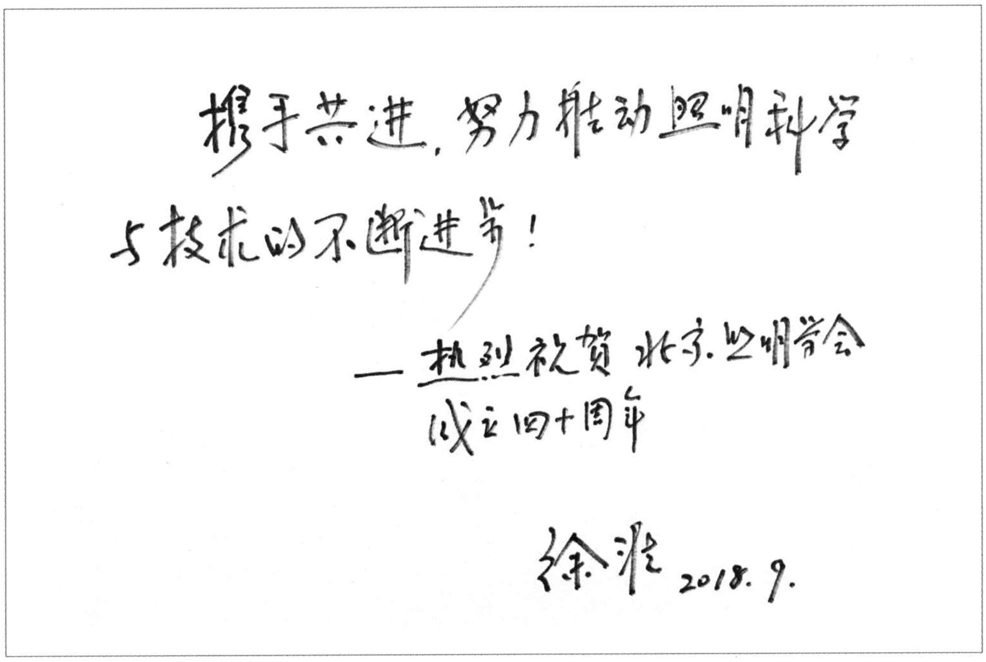

携手共进，努力推动照明科学与技术的不断进步！

——热烈祝贺北京照明学会成立四十周年

徐淮 2018.9.

中国照明学会前理事长徐淮　贺辞

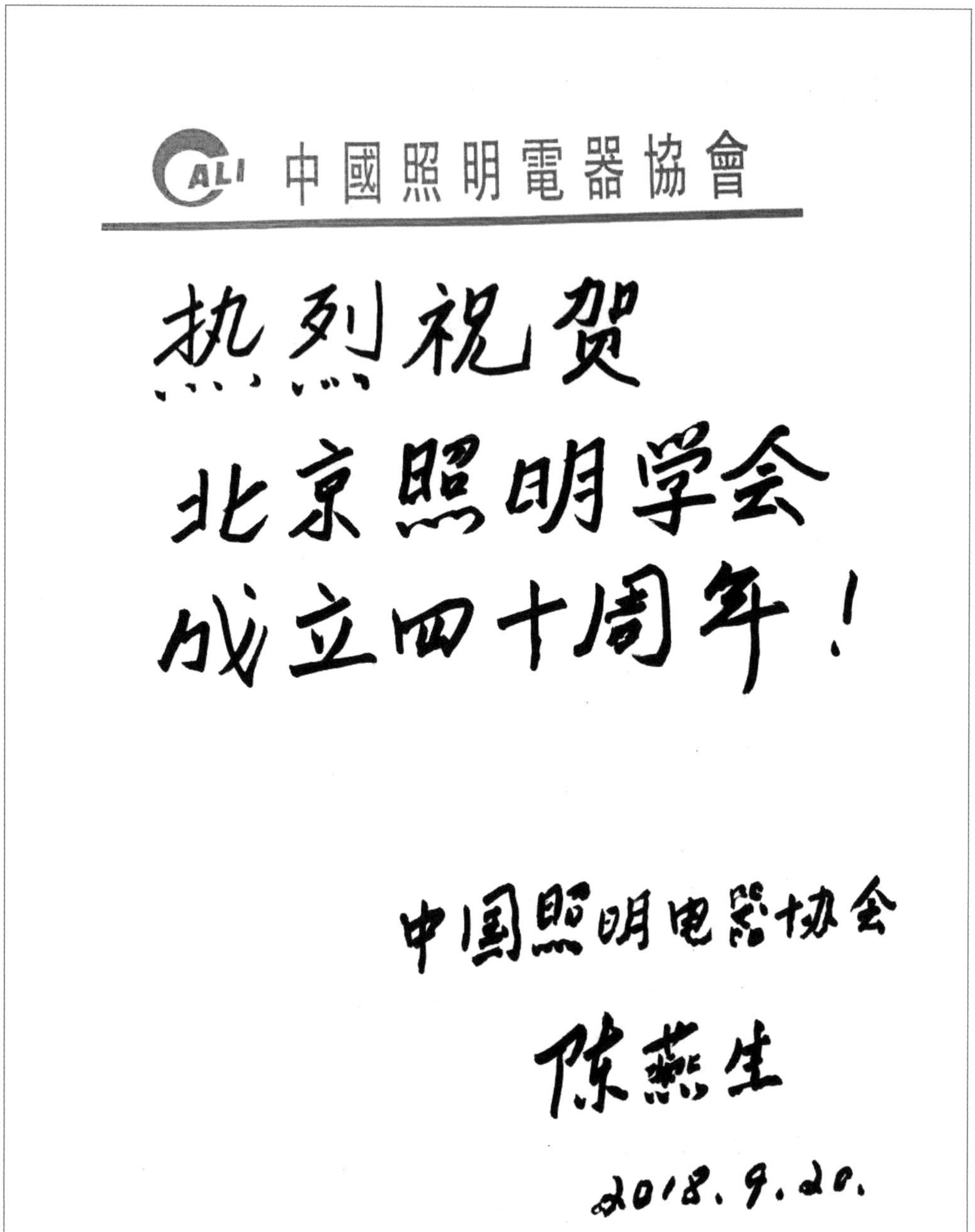
CALI 中國照明電器協會

热烈祝贺
北京照明学会
成立四十周年！

中国照明电器协会
陈燕生
2018.9.20.

中国照明电器协会理事长陈燕生　贺辞

贺北京照明学会四十华诞
祝新时代新征程再谱新篇

中国半导体照明/LED产业与应用联盟

关白玉

2018年11月

中国半导体照明/LED产业与应用联盟秘书长关白玉　贺辞

聚集着京华英才
风雨同舟四十载
首都夜景迷人处
再现照明人风采
——祝贺北京照明学会成立四十周年

中国照明电器协会　刘升平

2018.9.18

中国照明电器协会执行理事长刘升平　贺辞

贺北京照明学会成立四十周年

光明路上四十载
初心不忘谋发展

中国照明学会　贺

中国照明学会　贺辞

北京照明学会:

热烈祝贺北京照明学会四十周年华诞。北京照明学会是我国照明领域的一盏明灯,四十年来为我国照明事业的发展做出了杰出的贡献。长期以来,上海市照明学会与北京照明学会保持着良好的关系,希望今后双方一如既往地紧密合作,携手推进我国照明事业的不断发展。

上海市照明学会

2018.11.18

上海市照明学会　贺信

贺 信

北京照明学会：

值此北京照明学会成立40周年庆典之际，谨以天津市照明学会的名义向北京照明学会表示热烈的祝贺！

北京照明学会在北京市政府、北京市科协的领导与支持下，在徐华等历任理事长的领导下，团结广大照明科技工作者，在加强自身建设、普及科学知识、制定有关照明标准和照明设计手册、开展学术交流、贯彻实施绿色照明等方面做了大量卓有成效的工作，为北京的城市照明规划、建设与实施贡献了力量。

多年来北京照明学会与天津市照明学会密切协作，在进行学术和工作交流等方面结下了深厚的友谊，有效地促进了两地照明事业的发展。

我们相信，贵会在理事长的正确领导下，在秘书长为代表的秘书处及全体会员的辛勤努力下，一定会在各方面工作中取得更可喜的成绩。

天津市照明学会愿意与贵会保持长期友好合作关系，共同携手为学会发展和我国照明事业作出更大的贡献！

天津市照明学会
2018年9月12日

天津市照明学会　贺信

庆祝北京照明学会成立四十周年

四十年的历史,见证了中国照明事业的辉煌。

各种标准的制定,保障了照明事业的健康成长。

重庆照明学会　贺辞

安徽省照明学会

蝶 恋 花

贺北京照明学会成立四十周年

躬耕照明四十春，文明标兵，
美誉满京城。秉持科技与创新，
三大标准皆笃定。

京皖携手仰真情，火树银花，
同铸日月明。初心不改天地宽，
风雨兼程砥砺行。

安徽省照明学会　贺辞

贺 函

热烈祝贺北京照明学会成立四十周年！

北京学会精英荟萃，硕果累累，是地方学会的一面旗帜。向贵学会为照明事业做出的巨大贡献表示由衷的敬意！

河南省照明学会

二〇一九年四月

河南省照明学会　贺信

热烈祝贺北京市照明学会成立四十周年

赏心悦目　处处华灯辉耀京畿夜
继晷焚膏　芸芸光匠耕耘四十春

湖南省照明学会
2018年12月22日

湖南省照明学会　贺辞

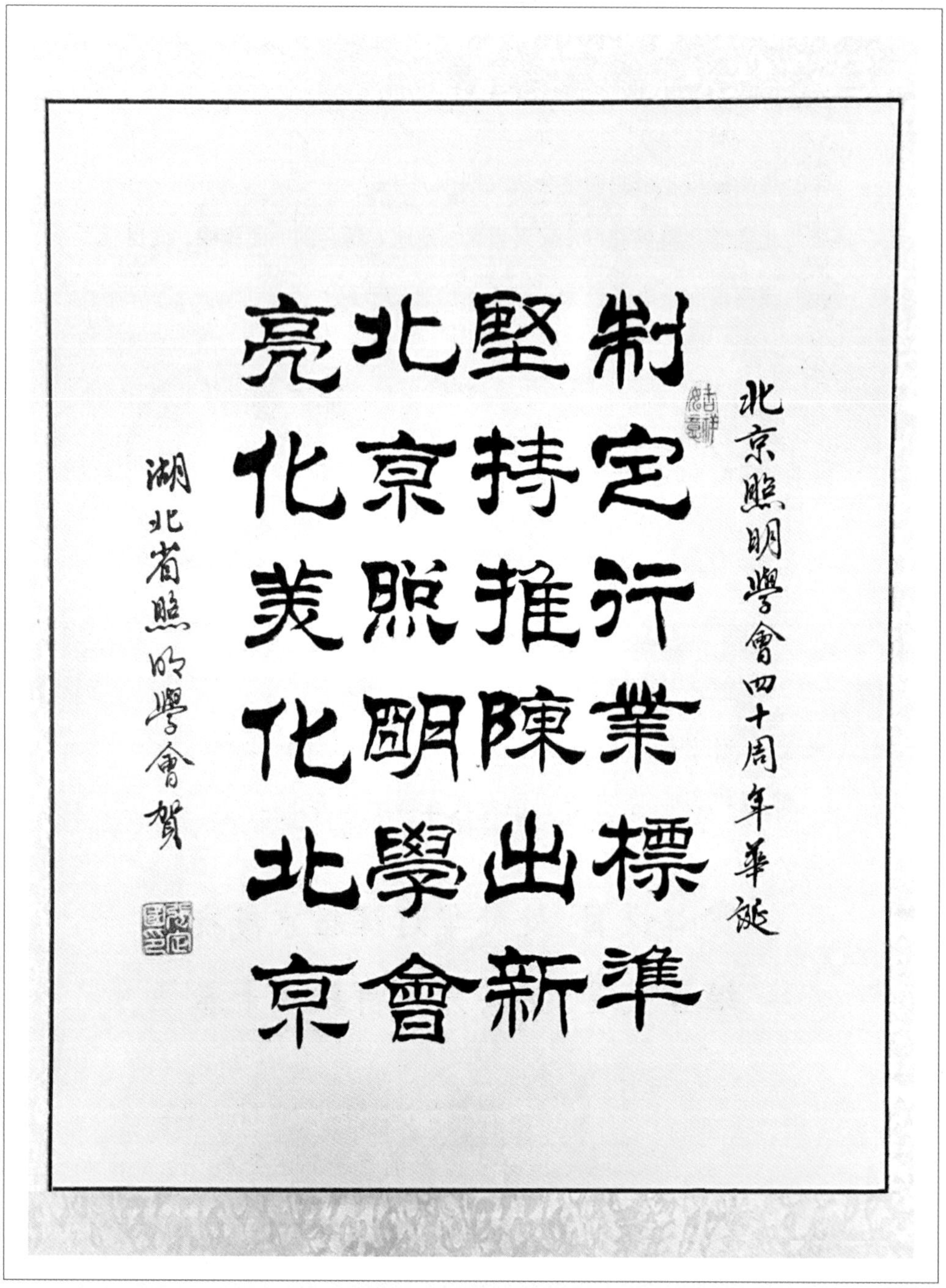

北京照明學會四十周年華誕

制定行業標準
堅持推陳出新
北京照明學會
亮化美化北京

湖北省照明學會賀

湖北省照明学会　贺辞

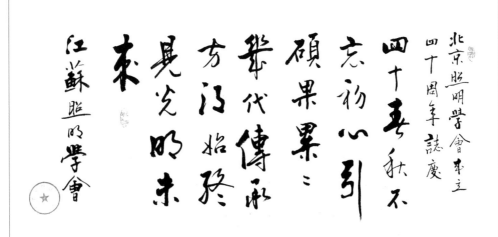

江苏省照明学会　贺辞

北京照明学会 开创行业先河四十余载，

兄弟学会榜样 铸就照明辉煌几度春秋。

贺北京照明学会成立四十周年

吉林省照明学会

吉林省照明学会　贺辞

贺　　辞

北京市照明学会：

值此贵学会成立40周年之际，作为兄弟协会，我们分享你们的喜悦，并向你们表示热烈的祝贺！

40年，你们见证、促进、引领了北京市乃至全国照明行业的发展；

40年，你们从青涩走向成熟、成功、成名；

40年，你们硕果累累、收获满满、朋友多多！

期盼我们能够精诚合作，携手并进，促进中国照明行业的发展与进步！

诚挚祝愿你们在下一个40年成就更大的辉煌！

辽宁省城市照明协会
2018年11月20日

辽宁省城市照明协会　贺辞

辛勤耕耘四十载

光明历程硕果丰

继往开来谱新篇

前程似锦铸辉煌

贺北京照明学会成立四十周年
南京照明学会敬贺

南京照明学会　贺辞

　　北京照明学会成立四十年来，为中国各地照明学会的发展起到了带头、示范作用。你们制定的国标、地标，出版的专业科技书刊引领了照明事业的发展，是兄弟学会学习的榜样。愿再接再厉发挥行业平台资源优势、推动行业更好更快的发展。

庆贺北京照明学会成立四十周年

内蒙古照明学会　贺辞

感谢与祝愿

——致北京照明学会40周岁生日

欣闻北京照明学会举办40周年庆典活动，谨代表山东照明学会全体会员向北京照明学会表示诚挚的祝贺！

40年来，北京照明学会制定和编写了多项指导照明行业发展的国家标准、地方标准和科技书籍，指导照明行业完成了北京奥运会的首都城市照明改造提升工程及多个省会城市的照明改造提升工程项目。山东照明学会成立之时正值北京照明学会而立之年，我们的发展得到北京老大哥多方面帮助，特别是在编制《城市环境照明工程规范》时，得到肖辉乾、王大有、任元会专家的具体指导，在照明工程节能环保方面填补国内空白，获得山东省住建厅、山东省科协多个主管单位表彰。

借此庆典之际，我们对老大哥学会10年来的无私帮助和悉心指导表示最衷心的感谢！祝愿北京照明学会越办越红火！祝愿我们两会的友谊天长地久！

2018年10月25日

山东照明学会　贺信

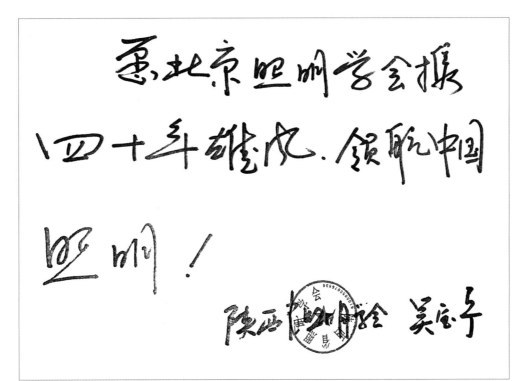

陕西省照明学会　贺辞

祝贺北京照明学会建会40周年

欣闻北京照明学会喜迎建会40周年，正值祖国改革开放40年。40年来学会不仅见证了照明行业的发展，也见证了国家改革开放带来的巨大变化和发展！40年来你们在本学科所取得的成绩，充分展现了照明行业在这个伟大时代所迎来的宏伟发展！在此我谨代表深圳市照明学会向贵会致以最诚挚、最热烈的祝贺！祝北京照明学会越办越好！

深圳市照明学会　秘书长庞杰
2018年9月18日

深圳市照明学会　贺信

山西省照明电器行业协会

关于祝贺北京照明学会成立 40 周年的函

北京照明学会：

欣闻贵会成立四十周年庆典，作为友好邻邦，快乐无限。

北京照明学会自一九七九年成立以来，在北京市科协的正确领导和亲切关怀下，四十年为国家科技发展服务，四十年为京都市政建设服务，四十年为科技工作者和会员服务，与中国改革开放同步走过了辉煌的四十年。

四十年来，北京照明学会不忘初心，牢记使命，倾力研究照明技术理论，深入开展科学考察和技术培训，广泛组织学术交流活动，用灯光的语言讲述了共和国文化中心节能智能绿色照明的故事，做出了充满中国智慧的贡献。

四十年来，北京照明学会与时俱进，风雨兼程，以博大的胸怀和严谨的态度，汇聚研发人才，整合科技资源，见证和提升了首都市民立体照明的生活环境，突出体现了中国照明科技的文化自信，并成为全国同行的标杆和典范。

四十年来，北京照明学会开拓创新，跨越转型，致力于构建命运共同体，携手共商共建共享，促进了全国兄弟社团组织之间的互动交流和健康成长，推动了中国照明科技事业生态持续发展，诠释了北京照明人的核心价值观。

北京照明学会顺应了物联网背景下行业发展的趋势，契合了人们对美好生活向往的共同愿望，走在了时代前沿，站在了行业制高点，不仅深刻改变了北京，也深远影响了全国照明科技未来的走向。

我们坚信：北京照明学会明天更加辉煌，京晋两会友好往来源远流长！

山西省照明电器行业协会
2018年9月28日

山西省照明电器行业协会　贺信

厦门市照明学会

敬贺北京照明学会创立四十年

四十华年守初心，北斗紫曜焕明伦。

路有风霜崎岖在，不惧磨砺只求真。

南国白鹭起东海，扶摇而上意频频。

慕光此去三万里，肝胆相照一家亲。

欣闻北京照明学会成立已四十年，正是在祖国百废待兴，改革的春天到来之即创立而成，内心不仅赞叹！四十年前中国的照明行业可为是刚刚起步，无论是灯具生产、照明技术、光学设计、照明艺术等都在起步阶段，彼时北京照明学会成立真是给尚属蒙昧的前景点亮了一盏灯！

四十年后的中国照明行业已经跻身于世界的前列，我们在照明的各个领域都收获了巨大的成绩。无论是城市还是乡村，公建还是民居，景观还是装置，这其中光艺术与技术成为日新月异发展中的中国一颗耀眼夺目的明珠。

追思过往，立足今天，展望未来，我们深知在照明的领域，前路漫漫而充满奇彩，万众一心才能共创辉煌。厦门市照明学会期待着能和北京照明学会携手共进，肝胆相照，为伟大祖国的照明事业贡献不竭力量！

（厦门市照明学会 公章）

2018年11月20日

厦门市照明学会　贺信

浙江省照明学会

祝贺北京照明学会成立 40 周年

改革开放以来,北京照明界同仁始终勇立潮头,引领我国照明科技的发展。衷心祝贺北京照明学会成立 40 周年,浙江省照明学会愿与北京照明学会在新时代携手并进,为北京、为浙江、为国家、为世界照明事业作出更大贡献!

浙江省照明学会

2018 年 11 月 6 日

浙江省照明学会　贺信

北京环二环夜景（北京高力特电力照明有限公司提供）

目 录

理事长寄语 ………………………………… 7

前言 ………………………………………… 9

贺信、贺辞 ………………………………… 11

历史沿革 …………………………………… 35

历任理事长 ………………………………… 39

历届组织机构 ……………………………… 43

奋进的历程 ………………………………… 57

  第一个十年 孕育创建时期 …………… 58

  第二个十年 快速发展时期 …………… 68

  第三个十年 科学发展时期 …………… 82

  第四个十年 继承创新时期 …………… 113

和谐的一家 ………………………………… 143

难忘的记忆 ………………………………… 169

丰硕的果实 ………………………………… 221

致谢 ………………………………………… 231

我们一起走过

"鸟巢"夜景(北京良业环境技术有限公司提供)

历史沿革

1978 年 6 月
由北京电光源研究所、北京市建筑设计研究院、中国建筑科学研究院物理研究所和清华大学四个单位发起，吸收中国计量科学研究院、北京灯泡厂等单位组成北京照明学会筹委会。

1978 年 12 月 27 日
北京市科学技术协会京科协字（1978）88 号文件批复同意成立北京照明学会。

1979 年 3 月 2 日
召开第一次会员代表大会，正式成立北京照明学会。下设学会办公室；四个工作委员会——组织、编辑、学术和科普工作委员会；四个专业学组——光源灯具专业学组、照明设计专业学组、照明应用专业学组和照明计量专业学组。

1984 年 3 月 27 日
第二届理事会增设国际学术交流委员会和咨询工作委员会；原专业学组改为九个专业委员会和一个学组，即电光源专业委员会、灯具专业委员会、道路照明专业委员会、体育设施照明专业委员会、舞台剧场照明专业委员会、计量测试专业委员会、电影电视照明专业委员会、照明设计专业委员会、公共设施照明应用专业委员会和情报学组。

1989 年 3 月 2 日
第三届理事会将学会下设的专业委员会调整为十二个，即电光源、灯具、照明设计、室外照明、舞台照明、电影照明、电视照明、大型公共建筑照明、计量测试、紫外光源、照明技术开发和建筑照明施工专业委员会。

1994 年 6 月 18 日
第四届理事会将学会原"工作委员会"更名为"工作部"，即组织工作部、编辑工作部、学术工作部、咨询工作部和科普教育工作部。

2000 年 1 月 28 日
第五届理事会将学会下设的专业委员会调整为八个，即电光源、灯具、照明设计、室外照明、影视舞台照明、计量测试、建筑照明施工和环境艺术照明专业委员会。

2000 年 1 月 28 日
根据北京市科学技术协会要求，第五次会员代表大会通过，北京照明学会成立第一届监事会。

2000 年 6 月 5 日
根据市委组织部和北京市科学技术协会关于加强社会团体党组织建设的要求，在学会办公室成立了学会党支部，隶属北京电光源研究所党总支领导。

2005 年 3 月 27 日
学会第六届二次理事会决定成立青年工作委员会，6 月 30 日正式成立。至此，学会共设有组织、编辑、学术、咨询和科普教育五个工作部和一个工作委员会。

2014 年 6 月 10 日
按北京市技术科学技术协会要求，"北京照明学会党建工作小组"成立，接受北京市科学技术协会领导。

2018 年 4 月
经第九届理事长办公会通过增设北京照明学会标准化工作委员会，于 2018 年 12 月 7 日正式成立。

截至 2018 年 12 月 30 日
北京照明学会共设如下办事机构工作委员会和专业委员会：

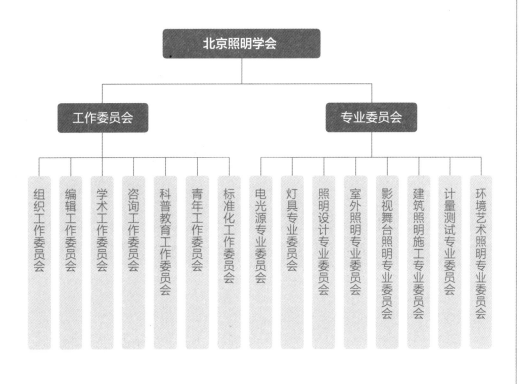

我们一起走过

颐和园（颐和园管理处提供）

历任理事长

张力之　第一届理事长
1979年3月~1984年3月

王时煦　第二届理事长
1984年3月~1989年3月

吴初瑜　第三、四届理事长
1989年3月~2000年1月

肖辉乾　第五届理事长
2000年1月~2004年3月

戴德慈　第六届理事长
2004年3月~2008年10月

汪　猛　第七届理事长
2008年10月~2012年10月

华树明　第八届理事长
2012年10月~2016年10月

徐　华　第九届理事长
2016年10月至今

我们一起走过

国贸三期B座夜景（北京BPI、北京富润成照明系统工程有限公司提供）

历届组织机构

（一）历届理事会

第一届理事会 （1979年3月2日~1984年3月27日）

理 事 长	张力之
副理事长	王时煦　肖辉乾　吴恒林　李青山　郭永聚
常务理事	张力之　王时煦　肖辉乾　吴恒林　李青山　郭永聚　吴初瑜　卡　笛　张绍纲　姜鸿梁 詹庆旋　甘子光　柳　絮　苏　丹
理　　事	（以姓氏笔画为序） 王文治　王丙霖　王时煦　王宏元　卡　笛　甘子光　冯光遹　李东元　李青山　孙延年 宋　垠　邵文元　肖辉乾　陈　鲛　苏　丹　吴正大　吴乐正　吴初瑜　吴恒林　杨臣铸 张力之　张学渔　张绍纲　张渔山　张景新　柳　絮　郭永聚　赵雨峰　姜鸿梁　宫世昌 高履泰　黄　风　黄盈德　温德智　詹庆旋
秘 书 长	吴初瑜
副秘书长	卡　笛

第二届理事会 （1984年3月27日~1989年3月2日）

理 事 长	王时煦
副理事长	张绍纲　詹庆旋　吴初瑜
常务理事	王时煦　张绍纲　詹庆旋　吴初瑜　王谦甫　甘子光　孙延年　陈　治　杨臣铸　杨国政 张　敏　姜鸿梁　高履泰
理　　事	（以姓氏笔画为序） 王立昌　王时煦　王谦甫　卡　笛　甘子光　孙延年　卢均钦　刘泰坤　陈　治　吴正大 吴初瑜　杨臣铸　杨国政　何玺珊　杜堃霖　张　敏　张绍纲　张　健　赵振民　赵雨峰 姜鸿梁　高执中　高纪昌　高履泰　唐　恕　黄　风　阎秉谦　韩晓风　温德智　詹庆旋
秘 书 长	吴初瑜（兼）
副秘书长	卡　笛　赵振民
顾　　问	肖辉乾　吴恒林　陈　鲛

第三届理事会 （1989年3月2日~1994年6月18日）

理 事 长	吴初瑜
副理事长	肖辉乾　詹庆旋　王谦甫　张　敏
常 务 理 事	吴初瑜　肖辉乾　詹庆旋　王谦甫　张　敏　白光宇　杜堃霖　韩晓风　徐长生　张　健 赵振民　王立昌　刘锡金　杨臣铸　姜常惠
理　　　事	（以姓氏笔画为序） 王士忠　王立昌　王谦甫　仉文荣　马金亭　白光宇　任元会　刘宏诰　刘泰坤　刘锡金 孙　堂　吴正大　吴邦兴　吴初瑜　李景色　李德富　陈瑞福　肖辉乾　杜堃霖　张　健 张　敏　张式潼　张振川　张耀根　杨臣铸　赵振民　赵雨峰　欧阳祥　施克孝　徐长生 高执中　高纪昌　唐　恕　韩晓风　詹庆旋　樊成汾　魏春翊　<u>姜常惠</u>（闭会期间增补）
秘 书 长	白光宇
常务副秘书长	赵振民
副 秘 书 长	高执中　<u>姜常惠</u>（闭会期间增补）
名誉理事长	王时煦
顾　　　问	张绍纲　高履泰

第四届理事会 （1994年6月18日~2000年1月28日）

理 事 长	吴初瑜
副理事长	肖辉乾　王谦甫　张　敏　戴德慈
常 务 理 事	吴初瑜　肖辉乾　王谦甫　张　敏　戴德慈　白光宇　姜常惠　赵振民　徐长生　王立昌 杨臣铸　霍　焰　张耀根　胡世超　张隆兴　张宏鹏 张典经　张燕彬　韩树强　王大有
理　　　事	（以姓氏笔画为序） 于万生　王大有　王立昌　王谦甫　王　健　马根成　马金亭　白光宇　田振中　边清涌 刘式良　刘泰坤　孙　堂　李小兵　李景色　邝树奎　肖辉乾　吴正大　吴初瑜　张　敏 张　健　张式潼　张克玲　张宏鹏　张振川　张典经　张隆兴　张燕彬　张耀根　杨臣铸 杨学华　陈光荣　罗万象　赵振民　胡世超　欧阳祥　姜常惠　娄荣兴　徐长生　徐盘祥 秦家才　高执中　高纪昌　黄庆平　韩树强　樊成汾　霍　焰　魏春翊　魏殿顾　戴德慈 <u>王大有</u>（闭会期间增补）
秘 书 长	白光宇
常务副秘书长	姜常惠　<u>王大有</u>（闭会期间增补）
副 秘 书 长	赵振民　高执中
名誉理事长	王时煦
顾　　　问	张绍纲　詹庆旋　高履泰

第五届理事会 （2000年1月28日~2004年3月31日）

理 事 长	肖辉乾
副理事长	马述荣　王大有　洪元颐　徐长生　裴成虎　戴德慈
常务理事	肖辉乾　马述荣　王大有　洪元颐　徐长生　裴成虎　戴德慈　王世华　王宏宇　关　利　刘海泉　邢　辛　张隆兴　张宏鹏　李　农　李小兵　李铁楠　杨臣铸　杨智峰　邴树奎　屈素辉　赵建平　汪　猛　张耀根　李晓华　孙怡璞　曹　友（闭会期间增补）
理　　　事	（以姓氏笔画为序）

　　　　　　王大有　王世华　王玉伟　王启成　王宏宇　王显红　王振生　马述荣　马胜贵　马根成
　　　　　　关　利　刘水生　刘海泉　华树明　孙　健　邢　辛　何　明　何卫虹　李　农　李　琤
　　　　　　李小兵　李凤松　李炳华　李铁楠　李德富　张宏鹏　张振川　张隆兴　张耀根　杨臣铸
　　　　　　杨学华　杨智峰　肖辉乾　邴树奎　陈　穆　屈素辉　娄荣兴　洪元颐　赵建平　赵英然
　　　　　　徐　华　徐长生　秦家才　高执中　韩树强　裴成虎　戴德慈　李晓华　汪　猛　汪茂火
　　　　　　宋文凯　刘　玉　刘海军　郑建伟　洪　兵　陈　敏　曹　友　曹卫东　路绍泉　颜小民
（闭会期间增补）

秘 书 长	王大有（兼）
副秘书长	王宏宇　张宏鹏　赵建平　汪　猛　李　农（闭会期间增补）
监 事 长	刘水生
监　　事	娄荣兴　高执中
监事会秘书	汪茂火
名誉理事长	王时煦　吴初瑜
顾　　问	（以姓氏笔画为序）

　　　　　　王立昌　王谦甫　李景色　张　敏　张绍纲　姜常惠　赵振民　高纪昌　高履泰　詹庆旋
　　　　　　霍　焰　魏春翊（吴初瑜任顾问组组长）

第六届理事会 （2004年3月31日~2008年10月18日）

理 事 长	戴德慈
副理事长	王大有　汪　猛　邴树奎　屈素辉　赵建平　徐长生　贾建平　李陆峰
秘 书 长	王大有（兼）
副秘书长	王晓英　关　利　李　农　陈　敏　张宏鹏　徐　华
常务理事	戴德慈　王大有　汪　猛　邴树奎　屈素辉　赵建平　徐长生　贾建平　李陆峰　王晓英　关　利　刘水生　孙怡璞　李　农　李铁楠　陈　敏　张耀根　张宏鹏　林延东　徐　华　曹　友　曹静波
理　　事	（以姓氏笔画为序）

　　　　　　王　晖　王大有　王晓英　王显红　王启成　王林波　王原铭　王建都　马胜贵　方谊筠

宁　华	田　丰	孙怡璞	关　利	刘　慧	刘水生	刘海军	许东亮	华树明	邢　辛
闫慧军	李　农	李　建	李陆峰	李治祥	李炳华	李铁楠	李德富	李继平	杨学华
杨振铎	杜学敏	汪　猛	汪茂火	陈　敏	陈　琪	陈　穆	邬树奎	何　明	何卫虹
吴　江	吴月华	张宏鹏	张耀根	林延东	郑爱民	金丽萍	屈素辉	郗书堂	洪　兵
娄荣兴	赵建平	赵英然	贯志军	荣浩磊	侯兆年	徐　华	徐长生	贾建平	曹　友
曹卫东	曹静波	崔晓萍	解　辉	路绍泉	戴德慈				

监 事 长　刘水生
监　　事　何　明　汪茂火　娄荣兴　曹静波
名誉理事长　王时煦　吴初瑜　肖辉乾
顾　　问　（以姓氏笔画为序）
　　　　　　王立昌　王谦甫　李景色　杨臣铸　陈文占　阜柏楠　张　敏　张绍纲　洪元颐　姜常惠
　　　　　　赵振民　高执中　高纪昌　詹庆旋　裴成虎　霍　焰　魏春翊（肖辉乾任顾问组组长）

第七届理事会　（2008年10月18日~2012年10月21日）

理　事　长　汪　猛
副理事长　王大有　贾建平　邬树奎　屈素辉　赵建平　徐　华　曹卫东　姚梦明
秘　书　长　王晓英
副秘书长　张宏鹏　李　农　陈　琪　荣浩磊　李继平　许东亮　张　梅（闭会期间增补）
常务理事　汪　猛　王大有　贾建平　邬树奎　屈素辉　赵建平　徐　华　曹卫东　姚梦明　王晓英
　　　　　　张宏鹏　李　农　陈　琪　荣浩磊　李继平　许东亮　李铁楠　关　利　孙怡璞　曹　友
　　　　　　林延东　王原铭　吴　江
理　　事　（以姓氏拼音为序）
　　　　　　安小杰　邬树奎　曹　友　曹卫东　陈　琪　陈兴华　崔晓萍　戴宝林　杜学敏　樊维亚
　　　　　　方谊筠　耿宝林　郭利平　关　利　韩天鸿　侯兆年　华树明　贾建平　江　波　李富民
　　　　　　李铁楠　李　健　李　农　李继平　林延东　刘　慧　刘海军　刘卫中　马　龙　宁　华
　　　　　　Patrick Ferenczi（法，帕特里克）　邱福钢　屈素辉　饶亚卿　荣浩磊　孙杰臣　孙怡璞
　　　　　　涂　路　王　磊　王大有　王东明　王林波　王原铭　王玉卿　王晓英　汪　猛　魏新胜
　　　　　　吴　江　吴跃华　武保华　郗书堂　席　红　解　辉　徐　华　许东亮　闫慧军　杨春明
　　　　　　杨振铎　姚梦明　姚念稷　袁　颖　张宏鹏　张秋燕　仇万德　赵建平　赵英然　郑爱民
　　　　　　周卫新　朱立强
监 事 长　孔祥义
监　　事　汪茂炎　曹静波　陈　敏　王　欣
名誉理事长　王时煦、吴初瑜、肖辉乾、戴德慈
顾　　问　（以姓氏拼音为序）
　　　　　　高纪昌　高执中　洪元颐　霍　焰　姜常惠　李德富　李景色　路绍泉　王立昌　王谦甫
　　　　　　魏春翊　徐长生　杨臣铸　詹庆旋　张　敏　张绍纲　张耀根　赵振民

第八届理事会 （2012年10月21日~2016年10月29日）

理 事 长 华树明

副理事长 邴树奎　曹卫东　梁　毅　王大有　徐　华　姚梦明　姚赤飙　张宏鹏
　　　　　赵建平　庄申安

秘 书 长 王晓英

副秘书长 陈　琪　荣浩磊　关　利　周卫新　常志刚　韩　林　岳存泽　邱福钢

常务理事（以姓氏拼音为序）
　　　　　邴树奎　曹卫东　常志刚　陈　琪　戴宝林　杜学敏　华树明　梁　毅　李铁楠　林延东
　　　　　宁　华　屈素辉　荣浩磊　孙怡璞　汪　猛　王　磊　王大有　王晓英　徐　华　姚赤飙
　　　　　姚梦明　张宏鹏　赵建平　郑　影　庄申安

理　　事（以姓氏拼音为序）
　　　　　邴树奎　曹卫东　曹雪菲　曹裕平　常志刚　陈兴华　陈　琪　戴宝林　杜学敏　葛广利
　　　　　关　利　郭利平　韩天鸿　华树明　贺建华　霍振宇　李继平　李铁楠　李　健　李　丽
　　　　　励嘉宁　梁　毅　林延东　林　平　林　桦　刘　丹　刘海军　刘　慧　刘卫中　刘力红
　　　　　刘　钢　宁　华　祁　艳　邱福钢　屈素辉　荣浩磊　饶亚卿　孙怡璞　汪　猛　王　磊
　　　　　王　劲　王　芹　王大有　王晓英　王朝霞　汪佩勇　吴月华　吴晔华　武保华　郗书堂
　　　　　席　红　萧　宏　解　辉　徐　华　许东亮　闫慧军　杨春明　姚梦明　姚赤飙　于德海
　　　　　岳存泽　张宏鹏　张秋燕　张少海　张卿贤　赵建平　赵英然　赵　刚　赵海茹　周卫新
　　　　　郑　影　郑卫红　朱　红　朱立强　庄申安

监 事 长 汪茂火

监　　事 曹　友　王　欣

名誉理事长 王时煦　吴初瑜　肖辉乾　戴德慈

顾　　问（以姓氏拼音为序）
　　　　　高纪昌　高执中　洪元颐　霍　焰　姜常惠　李德富　李景色　路绍泉　王立昌　王谦甫
　　　　　魏春翊　徐长生　杨臣铸　詹庆旋　张　敏　张绍纲　张耀根　赵振民

第九届理事会 （2016年10月29日至今）

理 事 长 徐　华

副理事长（以姓氏拼音为序）
　　　　　曹卫东　常志刚　华树明　梁　毅　萧　宏　姚赤飙　姚梦明　赵建平　庄申安　荣浩磊
　　　　　（闭会期间增补）

秘 书 长 王政涛

副秘书长（以姓氏拼音为序）
　　　　　陈　琪　关　利　韩　林　王　磊　王晓英　周卫新

常 务 理 事（以姓氏拼音为序）

曹卫东　常志刚　陈　琪　戴宝林　华树明　李铁楠　梁　毅　林延东　荣浩磊　汪　猛
王　磊　王政涛　萧　宏　徐　华　姚赤飙　姚梦明　赵建平　庄申安　郭利平　李俊民
（闭会期间增补）

理　　　事（以姓氏拼音为序）

白　鹭　曹卫东　曹雪菲　常志刚　陈　琪　戴宝林　关　利　韩天鸿　华树明　霍振宇
李继平　李　健　李　丽　李铁楠　励嘉宁　梁　毅　林延东　刘　慧　刘力红　罗　涛
牟宏毅　穆　欣　宁　华　秦利民　荣浩磊　汪　猛　王朝霞　王宏磊　王　劲　王　磊
王　芹　王政涛　魏　亭　武保华　吴传炎　郗书堂　席　红　萧　宏　徐　华　许东亮
闫慧军　姚赤飙　姚梦明　于德海　张秋燕　张亚婷　赵建平　赵海茹　郑卫红　郑　影
周卫新　朱　红　庄申安　刘　丹　张　昕　闫　石　蔡　均（闭会期间增补）

监 事 长　张宏鹏

监　　事　赵　刚　李艳芳

（二）历届工作部 / 工作委员会和专业委员会

第一届

工作委员会

工作委员会名称	主任	副主任
组织工作委员会	吴初瑜	卡笛、孙延年
编辑工作委员会	肖辉乾	林贤光、孙黎明
学术工作委员会	王时煦	陈鲛、高履泰
科普工作委员会	姜鸿梁	苏丹、张健

专业委员会

专业委员会名称	组长单位
光源灯具专业学组	北京灯泡厂
照明设计专业学组	三机部四院
照明应用专业学组	中央戏剧学院
照明计量专业学组	中国计量科学院

第二届

工作委员会

工作委员会名称	主任	副主任
学会办公室	孙天详	—
组织工作委员会	吴初瑜	高执中、孙天详
编辑工作委员会	高履泰	林贤光、宁培泽、唐恕、黄风
学术工作委员会	詹庆旋	甘子光、温德智、张耀根
国际学术交流委员会	张绍纲	卢均钦
科普教育工作委员会	王谦甫	张健、刘泰坤、张敏
咨询工作委员会	孙延年	孙天详、杨国政、许鑫发、汪振纯

专业委员会

专业委员会名称	主任	副主任
电光源专业委员会	姜鸿梁	戴凤昆
灯具专业委员会	闫秉谦	杨国政
道路照明专业委员会	高纪昌	李景色
体育设施照明专业委员会	何玺珊	王文华
舞台剧场照明专业委员会	陈治	韩晓风、方堃林
计量测试专业委员会	杨臣铸	钱典祥、包燕鹏
电影电视照明专业委员会	张敏	吴正大、邱宝贤
照明设计专业委员会	杜堃霖	赵雨峰、徐长生、彭明元
公用设施照明应用委员会	孙堂	徐瑞林
情报学组	王立昌	徐和、刘泰坤

第三届

工作委员会

工作委员会名称	主任	副主任
学会办公室	郁然舫	周方详
组织工作委员会	白光宇	郁然舫
编辑工作委员会	肖辉乾	李德富、林贤光、黄风
学术工作委员会	詹庆旋	高执中
国际学术交流委员会	张耀根	李中虎
科普教育工作委员会	刘泰坤	周溶川、杨靖之、宋贞秀
咨询工作委员会	王立昌	唐恕

专业委员会

专业委员会名称	主任	副主任
电光源专业委员会	刘锡金	张式潼、孙景桂
灯具专业委员会	李景色	王世忠、冯诚信
照明设计专业委员会	杜埜霖	赵雨峰、徐长生、任元会、彭明元
室外照明专业委员会	高纪昌	周敏峰、马金亭、章志信
舞台照明专业委员会	韩晓风	慕百锁、欧阳祥
电视照明专业委员会	张敏	孟秀鉴、张敬邦、于宝富、陈瑞福、闫洪藻
电影照明专业委员会	吴正大	刘勇
大型公共建筑照明专业委员会	孙堂	樊成汾、单永寿、施克孝
计量测试专业委员会	杨臣铸	包燕鹏、钱典祥
紫外光源专业委员会	徐盘祥	吴邦兴
照明技术开发专业委员会	赵振民	李恭慰、张健
建筑照明施工专业委员会	梅志林	周文辉、孔庆林、李金生

第四届

工作部

工作部名称	主任	副主任
学会办公室	刘济普	—
组织工作部	白光宇	—
编辑工作部	肖辉乾	李德富、林贤光、黄风
学术工作部	詹庆旋	张耀根
国际学术交流部	张耀根	李中虎
科普教育工作部	刘泰坤	—
咨询工作部	王立昌	—

专业委员会

专业委员会名称	主任	副主任
电光源专业委员会	张燕彬	张振川、徐盘祥、罗万象
灯具专业委员会	赵慧玲	王世忠、朱恒林、杨桄
照明设计专业委员会	徐长生	郏树奎、彭明元、韩树强
室外照明专业委员会	张耀根	高纪昌、马金亭、周敏峰

续表

专业委员会名称	主任	副主任
舞台照明专业委员会	霍焰	欧阳祥、郑国培
电视照明专业委员会	张敏	孟秀銮、张敬邦、于宝富
电影照明专业委员会	吴正大	刘勇
大型公共建筑照明专业委员会	孙堂	樊成汾、单永寿、施克孝
计量测试专业委员会	杨臣铸	钱典祥、张蔼若
紫外光源专业委员会	徐盘祥	吴邦兴
照明技术开发专业委员会	赵振民	李恭慰、杨学华
建筑照明施工专业委员会	张隆兴	张宏鹏

第五届

工作部

工作部名称	主任	副主任
学会办公室	王晓英	—
组织工作部	王大有	王晓英
编辑工作部	戴德慈	裴成虎、李德富、李农、关利、王晓英
学术工作部	洪元颐	李农
咨询工作部	徐长生	刘海泉
科普教育工作部	裴成虎	马胜贵

专业委员会

专业委员会名称	主任	副主任
电光源专业委员会	屈素辉	杨智峰、马根成、张振川
灯具专业委员会	李铁楠	王原铭、杨桄、宋文凯
照明设计专业委员会	邴树奎	徐华、王根有、李志祥、李炳华
室外照明专业委员会	孙怡璞	赵建平
影视舞台照明专业委员会	曹友	张振生、李建
建筑照明施工专业委员会	张隆兴	张宏鹏
计量测试专业委员会	杨臣铸	林延东、华树明
环境艺术照明专业委员会	关利	王显红

第六届

工作部

工作部名称	主任	副主任
学会办公室	王晓英	—
组织工作部	王大有	—
编辑工作部	戴德慈	王晓英、关利、李德富、李农、张耀根、贾建平
学术工作部	赵建平	李农
咨询工作部	邴树奎	安小杰
科普教育工作部	汪猛	徐华
青年工作委员会	徐华	李铁楠、宁华

专业委员会

专业委员会名称	主任	副主任
电光源专业委员会	屈素辉	杨智峰、马根成、张振川
灯具专业委员会	李铁楠	王原铭、宋文凯
照明设计专业委员会	徐华	王根有、李志祥、李炳华
室外照明专业委员会	孙怡璞	赵建平
影视舞台照明专业委员会	曹友	张振生、李建
建筑照明施工专业委员会	张宏鹏	萧宏、吴月华、周卫新
计量测试专业委员会	林延东	刘慧、赵丽霞
环境艺术照明专业委员会	关利	王建都、李继平

第七届

工作部

工作部名称	主任	副主任
学会办公室	张秋燕	—
组织工作部	王晓英	—
编辑工作部	汪猛	王东明、赵建平、徐华、屈素辉、许小荣
学术工作部	赵建平	李农
咨询工作部	李陆峰	安小杰
科普教育工作部	汪猛	荣浩磊
青年工作委员会	王磊	朱红、郭利平、李丽

专业委员会

专业委员会名称	主任	副主任
电光源专业委员会	屈素辉	邱福刚
灯具专业委员会	李铁楠	饶亚卿、张少海、秦利民
照明设计专业委员会	徐华	闫慧军、武保华
室外照明专业委员会	孙怡璞	赵建平
影视舞台照明专业委员会	陈兴华	曹友、李建
建筑照明施工专业委员会	张宏鹏	萧宏、吴月华 周卫新
计量测试专业委员会	林延东	刘慧、赵丽霞
环境艺术照明专业委员会	曹卫东	关利、李铁楠、荣浩磊

第八届

工作委员会

工作委员会名称	主任	副主任
学会办公室	张秋燕	—
组织工作部	王晓英	—
编辑工作部	华树明	李铁楠、郝树奎、赵建平、徐华、常志刚
学术工作部	赵建平	—
咨询工作部	陈琪	李俊民、方磊、蔡钧、陈小山
科普教育工作部	荣浩磊	穆欣、马晔
青年工作委员会	王磊	朱红、郭利平、李丽

专业委员会

专业委员会名称	主任	副主任
电光源专业委员会	华树明	庄申安、赵铭
灯具专业委员会	李铁楠	饶亚卿、张少海、秦利民
照明设计专业委员会	徐华	王劲、闫慧军、武保华、席红、方磊
室外照明专业委员会	白鹭	王书晓、荣浩磊、郗书堂
影视舞台照明专业委员会	葛广利	王宏磊
建筑照明施工专业委员会	萧宏	吴月华、周卫新
计量测试专业委员会	林延东	刘慧、赵丽霞
环境艺术照明专业委员会	常志刚	牟宏毅、李铁楠、荣浩磊、关利、贺建华、许宁、何崴、丁平

第九届

工作委员会

工作委员会名称	主任	副主任
学会办公室	张秋燕	—
组织工作部	王政涛	—
编辑工作部	徐华	常志刚、李铁楠、荣浩磊、王政涛、赵建平
学术工作部	赵建平	—
咨询工作部	李俊民	张青、周有娣、蔡钧、陈小山
科普教育工作部	荣浩磊	穆欣、马晔
青年工作委员会	李丽	郭利平、潘敏、刘皓挺
标准化工作委员会	王磊	朱红

专业委员会

专业委员会名称	主任	副主任
电光源专业委员会	华树明	庄申安、赵铭
灯具专业委员会	李铁楠	刘剑英、李奇峰、张勇、邵彬、徐小荣
照明设计专业委员会	徐华	方磊、刘力红、王劲、武保华、闫慧军、张昕、朱红
室外照明专业委员会	白鹭	郗书堂
影视舞台照明专业委员会	—	—
建筑照明施工专业委员会	萧宏	吴月华、周卫新
计量测试专业委员会	刘慧	王朝霞、赵丽霞
环境艺术照明专业委员会	常志刚	荣浩磊、何葳、牟宏毅

我们一起走过

国家大剧院夜景(北京良业环境技术有限公司提供)

奋进的历程

本章记述了北京照明学会四十年在北京市科学技术协会的领导下，团结奋进、开拓创新、围绕中心、服务大局，积极开展学术交流、技术咨询和科普活动，为首都北京城市照明建设和我国照明事业发展作贡献，与祖国改革开放四十年一起走过的足迹。

第一个十年　孕育创建时期
1979—1989

北京照明学会筹委会

在我国改革开放大潮涌动之际，为推动北京市照明事业的改革开放和照明科技的发展进步，1978年6月由北京电光源研究所、北京市建筑设计研究院、中国建筑科学研究院物理研究所和清华大学等四个单位发起，并吸收中国计量科学研究院、北京灯泡厂等单位组成北京照明学会筹委会。由张力之任筹委会主任，成员有王时煦、肖辉乾、吴恒林、林贤光、郭永聚、吴初瑜等。经过半年多的运筹与协商，筹委会提出了第一届理事会理事候选人和理事长、副理事长、秘书长候选人的建议名单。1978年12月27日，经北京市科学技术协会批复同意成立北京照明学会。

北京市科学技术协会批复文件

第一次会员大会

1979年3月2日，北京照明学会第一次会员大会在北京工人体育场礼堂举行。出席会议的有383名会员，大会由吴初瑜主持，张力之作北京照明学会筹备工作报告。出席会议的有北京市科协副秘书长林寿屏、学会部长李玉言、轻工业部科技司司长徐斌、一轻局副局长鲁万章、光源处副处长李澄和等。市一轻局副局长姜载雨到会并讲话。会议一致同意成立北京照明学会，选举张力之等35人组成照明学会第一届理事会，张力之为理事长，郭永聚、肖辉乾、王时煦、吴恒林、李青山为副理事长，吴初瑜为秘书长，并通过了学会章程。下设学会办公室；四个工作委员会：组织、编辑、学术和科普工作委员会；四个学组：光源灯具专业学组、照明设计专业学组、照明应用专业学组和照明计量专业学组。

北京照明学会章程(第一届)　　　　照明设计专业组成立会议纪要

建会之初的会址

照明学会的会址是学会开展工作与对外联络的基地。

北京照明学会成立以来，先后得到北京电光源研究所和北京七〇一厂的大力支持，他们是学会的挂靠单位，不但为学会提供办公和活动场所，还为学会派专职工作人员。

呼家楼会址，1979年3月～1999年11月，北京东三环北路21号北京电光源研究所内，直至1999年该所的所址被政府征用而搬迁。

建会之初的会址

在后二十年间，随着企业改革和城市的变迁，学会几次迁址：

西单会址，1999年12月～2004年12月，北京西单小酱坊胡同36号；

白云观街会址，2004年12月～2007年4月，北京西城区白云观街7号；

大北窑会址，2007年4月～2018年6月，北京朝阳区大北窑厂坡村甲3号；

核桃园会址，2018年7月至今，北京朝阳区南三里屯核桃园北里乙3号。

西单会址

白云观街会址

大北窑会址

核桃园会址

首次建言北京城市照明建设

1980年6月学会召开常务理事和部分专家座谈会，就落实中央书记处关于北京城市建设"四条建议"进行专题讨论。专家们认为搞好城市夜景照明对改善城市环境面貌将起到良好的作用，其中城市道路照明更为重要。会议一致同意把"安全、适用、经济、美观"作为城市道路照明建设的指导原则，并在中国建筑科学研究院物理所就道路照明所进行的调查研究的基础上，提出"关于改善提高北京城市道路照明的几点设想和建议"报送北京市科协，市科协在第二次代表大会上把"建议"印发给代表，该建议引起了市有关领导的重视。

照亮人民英雄纪念碑

1980年,为落实中央书记处关于"夜间要把人民英雄纪念碑照亮"的指示精神,北京市领导听取了学会理事长王时煦教授的建议,由天安门管理委员会主持召开座谈会,请学会相关专家对纪念碑原有照明效果作现场测试和评价,提出了纪念碑照明改造基本方案,改进后平日碑身正面平均亮度提高了3.8倍,节日碑身正面平均亮度提高了22倍。1981年7月1日前正式投入使用,得到市领导的鼓励和市民的好评。

要把人民英雄纪念碑照亮(照片来源学会刊物《照明技术》)

筹建中国照明学会

为促进我国照明科技的发展,加强国际交流与合作,早在1979年3月北京照明学会成立的第二天,常务理事会上就作出"为成立中国照明学会积极努力"的决定,并为筹建中国照明学会开展了大量工作,作出了应有的贡献。

- 1982年4月国际照明委员会(Commission Internationale de L'Eclairage,简称CIE)20届大会主席波尔博士来我国访问,北京照明学会理事长张力之与波尔主席进行了座谈。波尔主席本次来访的目的是与我国照明界进行接触,试图探索我国参加国际照明委员会的可能性。他希望在1983年8月荷兰阿姆斯特丹举行CIE20届大会上能够看到中国的正式代表。张力之表示这也是我们的愿望。当波尔主席在与中国科协领导会见时,再次表达了这一愿望。中国科协领导表示,照明界应当尽早成立全国性组织,并争取参加CIE组织。但是,由于种种原因,中国照明学会未能如期成立。因此,波尔主席又一次发出邀请,我国派出以蔡祖泉为团长,郭博和张绍纲为副团长,成员有我会詹庆旋、吴初瑜、李景色、姜鸿梁及其他省市代表共15人组成的代表团,以观察员身份出席了1983年8月在荷兰召开的CIE20届大会。

- 随后,我会领导与上海、天津照明学会共同研究筹建中国照明学会事宜,并提出尽快召开全国各省市照明学会负责人联席会议讨论落实。1985年4月15日应上海市照明学会理事长蔡祖泉教授的邀请,在上海召开了有北京、上海、天津、江苏、浙江、四川、辽宁、吉林等8个学会18名代表参加的第一次联席会议。会议认为,为促进中国照明技术的发展,加强国际、国内学术交流,尽早成立中国照明学会并成为CIE成员是十分必要的。经过与会代表的认真讨论和协商,一致同意由各省市照明学会负责同志共19人组成中国照明学会筹备组,决定蔡祖泉任筹备组长,王时煦、吴初瑜任副组长,下设组织组、学术活动组、对外联络组和杂志编辑组。筹备组联络地点设在北京照明学会,成立中国照明学会的各项准备工作由北京照明学会负责。并决定立即向中国科协和国家科委提出"申请成立中国照明学会"的报告。

- 1986年3月21~22日在北京召开了由各省市照明学会负责同志共26人参加的第二次联席会议。筹备组副组长吴初瑜汇报了第一次联席会议以来各项筹备工作的进展情况,张绍纲和王时煦分别就成立中国照明学会的申请报告和中国照明学会章程的起草情况作了说明,经过讨论、修改,各项文件起草准备工作基本完成。

- 经过筹备组的积极准备和努力争取，1986年9月18日国家科委正式批复同意成立中国照明学会。1987年6月1~3日中国照明学会在北京召开成立大会，我会理事长王时煦、副理事长张绍纲当选为中国照明学会第一届理事会副理事长。同年6月16~25日中国照明学会组团以副理事长蔡祖泉为团长、副秘书长肖辉乾为副团长，一行9人参加了在意大利威尼斯召开的CIE21届大会，并经CIE执行委员会讨论，一致通过中国照明学会为第38个会员国。

1982年张力之等北京照明学会领导与CIE主席波尔博士合影

办好学术年会，彰显学会工作重点

学会在创建初期就把开展学术交流作为学会工作的重点和主线。

- 1981年4月，北京照明学会召开第一届学术年会，围绕道路照明、照明与节能等内容进行研讨，共交流论文65篇。詹庆旋教授的"建筑照明节能的途径和潜力"，张绍纲、林若慈教授的"照明与节能"等论文，较系统地介绍了照明节能的意义、方针政策和节能经验、方法与措施。测试专业学组、电影电视照明学组和舞台照明学组结合本专业情况进行了交流，照明设计学组和舞台照明学组就编制《民用建筑照明设计指南》和《舞台灯光符号》两个技术文件提出了建议。市科协副主席孙红到会并讲话。

- 1986年1月28日北京照明学会召开第二届学术年会，300多名会员和科技工作者出席会议，王时煦理事长作了报告，与会专家围绕"视环境与光环境"、"中小学教室照明"、"光的计量标准"、"电视广播照明"、"三元桥高杆照明设计"、"混光照明的特性及其应用"等问题做了学术报告，市科协学会部负责同志到会并讲话。

北京照明学会第一届学术年会

专题学术研讨会

专题学术研讨会是学会开展学术交流活动最基本的形式之一。1979~1988年的学术活动以解决会员和企业生产中的技术问题为主。

- 1981年初，学会召开了洁净厂房电气设计专题学术报告会。会上由"工业企业洁净厂房设计规范"编制组电气照明组成员介绍了对全国36个工厂的100多个洁净厂房及科研单位进行调研和照度测试的情况，并对大家关心的洁净厂房电气设计等问题进行了研讨。

- 1981年12月23日，学会召开了"教室采光和保护学生视力"的学术报告会，本市各设计院和中、小学校的300余人参加。肖辉乾、孙延年就近年来城市中、小学学生视力下降的严重情况分析了影响因素和教室最佳照度值，提出了教室采光设计、要求和教室采光实例。

- 1982年7月14日，照明计量测试专业组举办了"关于强光和弱光测量的几个问题"学术报告会。北京师范大学郝允祥教授介绍了强光和弱光的测试现状、测量方法、微弱光度测量、强光测量标准等问题，并论述了用天体作为强光和弱光测量标准的可能性，引起计量测试工作者的很大兴趣。参加学术报告会的有学会会员和外省市从事照明测试工作的90多人。

- 1982年11月10日，照明设计组举行学术报告会，徐长生同志作了"关于GX-1型高效荧光灯具的研制和使用情况"学术报告。报告强调了采用等效球照度（ESI）的标准及其意义，对如何削弱光幕反射提高视觉效能、该灯具配光的合理性及节能效果等进行了理论分析，同时介绍了照明设计中灯的布置与减少光幕反射的关系以及如何评价照明设计质量等问题。

- 1984年8月31日，计量测试专业委员会举办"国际单位制及其在照明技术中的应用"专题学术报告会，介绍了量和单位的起源与演变、单位制的创立及原理、电光学中常用的单位以及国际单位制的相关问题及展望。会议还向到会者发放了国家计量局有关文件，放映了有关计量的幻灯片。

- 1986年3月15日和4月18日，照明应用专业组分别在故宫博物院和北京低压电器厂召开学术交流会，人民大会堂、民族饭店、北京饭店、友谊宾馆、首都机场、北京站、地铁公司、历史博物馆、故宫博物院等大型公建单位参加会议。故宫博物院介绍了节约用电、安全用电的管理经验，低压电器厂介绍了该厂研制低压电器新产品情况，到会同志进行了广泛交流。

第二次会员大会

经1984年3月初第一届全体理事会讨论决定，1984年3月27日学会以通讯方式召开第二次代表大会，采用等额选举的办法，由全体会员投票选举王时煦等30人组成北京照明学会第二届理事会。王时煦为理事长，张绍刚、詹庆旋、吴初瑜为副理事长，吴初瑜兼秘书长。

打开大门办会，开展国际交流，促进照明领域改革开放

北京照明学会自成立以来十年间，先后与日本、德国、荷兰、美国、澳大利亚等国家照明界开展广泛的国际学术交流活动，与有关国家照明学术团体建立了良好的合作关系与友谊，促进我国照明领域改革开放。

1979～1988年国际学术交流活动一览表

时间	国际交流内容	参加人员	备注
1979年8月20～28日	CIE19届大会（日本京都）	以蔡祖泉为团长，张绍纲为副团长，郭博为顾问，成员有甘子光、肖辉乾等	以观察员身份出席
1980年	先后接待西德奥斯兰、荷兰飞利浦、美国威斯汀豪斯、澳大利亚巴兰亭等公司照明专家的来访，进行了学术交流。飞利浦公司照明研究与设计中心主任，CIE室内照明组主席费希尔教授作"八十年代的照明技术发展前景"学术报告	张力之、王时煦、吴初瑜等。 我会300多名会员	
1982年3月16～18日	向岩琦令儿先生赠送了《首都舞台美术选集》、《舞台灯光常用术语及图例符号》和《照明技术》等科技书刊。18日岩琦令儿先生还参观了中央戏剧学院和首都剧场的灯光设备	学会理事宋垠	
1982年5月5～7日	加拿大国家研究委员会物理处威泽斯基博士应邀来华进行讲学，主题为"色度、照明和颜色"	我会研究色度和光度的专家60多人参加	共进行三次学术报告和三次座谈
1982年9月12日	日本全国舞台电视照明协同组合理事，日本照明家协会理事柏木淳一先生来华进行学术交流	学会舞台灯光专业组邀请，在京文艺团体灯光设计工作者30多人参加	学会副秘书长卡笛出席交流会
1982年10月中旬	接待美国电工学会照明技术委员会主任美籍华人陈镐博士	理事长张力之、秘书长吴初瑜、副秘书长卡笛	
1982年10月10～12日	接待以吉江清教授为团长、石坂信一先生为副团长的日本照明委员会代表团一行20人。吉江清教授、森礼于博士和山根翰也先生分别作题为"精密测光技术"、"光源的光色、显色性和主观亮度"和"金属卤化物灯的研究动向"学术报告	理事长张力之主持欢迎会议	
1984年10月9日	日本照明学会会长大谷泰之教授学术交流座谈会	学会部分专家参加	
1984年10月16日	日本照明家学会评议员柏木淳一先生正式成为北京照明学会通讯会员，举行颁证仪式（北京首都剧场）	市科协学会部戚淑菊部长出席，并为柏木淳一先生颁发了通讯会员证书	经学会常务理事会讨论，并报市科协批准
1984年11月	接待美国民间照明工程访华团一行51人	学会领导	
1985年5月23日	西德西柏林技术大学照明技术研究所Krochmann教授作题为"照明技术发展状况"学术报告会	建研院物理所及北京照明界50多人参加	应北京照明学会和中国建筑学会建筑物理学会的邀请
1985年11月	澳大利亚新南威尔士州大学建筑光学专家南希·鲁克博士来华访问，并作"天然采光的实践"、"光环境"、"建筑光学"等专题交流	理事长王时煦副理事长张绍纲、詹庆旋及顾问肖辉乾等接待	参观访问中国建筑科学院物理所和清华大学等单位
1988年10月13日	西德照明学会科技考察团奎尔教授、费希尔博士来京访问，并分别作"西德电光源发展趋势"和"广告照明"的学术报告	我会100名会员参加	

1982年张力之理事长陪同波尔主席游览颐和园

1982年张力之理事长在欢迎日本访华团会议上致辞

1982年日本访华团吉江清团长向张力之理事长赠送幻灯片

科普讲座和科技培训

科普工作是学会的社会责任与义务。我会在理事会下设立科普工作委员会（或科普教育工作部），作为开展科普教育活动的组织保证。

创建初期，学会及各学组、各专业委员会以科普讲座和科技培训等形式广泛开展科普宣传活动，科普对象以照明从业人员为主。

1980~1988年科普讲座和科技培训活动一览表

时间	科普内容	参加人数	举办者
1980年8月	舞台灯光培训班	北京地区各剧团、中央直属文艺系统及部队文艺系统40多个单位86人	北京照明学会与中国舞台美术学会共同举办
	光度测量培训班（历时两个月）	科研单位、设计部门、大专院校、部队和企业33个单位60人	

奋进的历程　65

续表

时间	科普内容	参加人数	举办者
1981年6～8月	**照明光学系统设计基础学习班**（由甘子光教授讲授电影电视、舞台照明、灯具光学系统设计的基础知识，并编写了约20多万字的讲义，共讲授27次81个学时）	会员（工程技术人员）19名	光源灯具学组
1981年7月	**第二期舞台灯光培训班**（以讲授光学、电子、舞台灯光特技、舞台灯光色彩及布光等为主）	文化部直属文艺团体、在京部队文艺团体、市属文艺团体，以及河北省话剧院、山东歌舞团、延安歌舞剧团等21个文艺单位40人	舞台灯光学组
1981年10～11月	**舞台灯光设计基础培训班**（内容：布景设计和舞台灯光设计，歌剧、舞剧、话剧、戏曲和舞蹈的灯光设计与实例，以及灯光设计图绘制课堂实习）	北京、辽宁、江西、福建、南京、延安、新疆等省市文艺团体60余人	北京照明学会与中国舞台美术学会共同举办
1982年2月8日～3月3日	**电影、电视照明光源培训班**（内容：光源的结构、性能、特点及原理等基本知识，并编写约14万字的"电影电视光源"讲义）	全国21个省市36个单位共89名学员	电影、电视专业组、北京电光源研究所
1983年9月1～24日	**第二期舞台灯光设计基础培训班**（内容：布景设计、服装设计、舞台布光与用色、灯光设计图的编绘，以及戏曲、歌舞、歌剧、舞剧、话剧的灯光设计和实例）	在京文艺团体和湖南省话剧团、广西壮族自治区桂剧团、吉林省歌舞剧院、重庆市川剧团、哈尔滨市话剧院和南京话剧团等20多个文艺团体40多人	舞台灯光学组
1984年8月25日	**香港地区建筑照明幻灯报告会**（航空工业第四设计院饶袭荣主讲）	参加报告会的共有200多人	科普教育工作委员会
1988年9月11日～11月初	**照明设计学习班**（商业建筑照明设计、医院建筑照明设计和体育场（馆）照明设计）	本市各设计院100多人	照明设计专业委员会

科普文章与科普展览

学会利用自己主办的科技刊物作为宣传科普知识的阵地，在刊物中设有"科普园地"栏目，结合大众需求发表科普文章。

1982年《照明技术》第2期"中小学生在家学习时应怎样照明"；

1982年《照明技术》第4期"照明计量问答"；

1983年《照明技术》第1期"照明计量问答"；

1983年《照明技术》第3期"灯光对生物有什么影响"；

1986年《照明技术》第1期、第2期"光源与照明科普知识问答"50题。

1987年在西单科普画廊展出了题为"当夜幕降临的时候"的科普宣传展板，通过展出的画面宣传照明的起源、发展，以及光源、灯具的类型对未来照明的设想和节能措施等，并获得北京市科协"科普画廊三等奖"。

电影电视专业组编辑的讲义

科普文章（刊登于学会刊物《照明技术》1982年第2期）

科普知识问答（连载于学会刊物《照明技术》1986年第1期、第2期）

第二个十年　快速发展时期

1989—1999

学会第三次代表大会

1989年3月2日，时逢北京照明学会成立十周年，北京照明学会第三次代表大会暨第三次学术年会在中央电视台召开，330名代表出席会议。北京市科协党组书记副主席王兆熊、中国照明学会副理事长胡德霞、中央电视台总工林景云到会并讲话。大会通过王时煦理事长所作的工作报告和修订的《北京照明学会章程》，选举吴初瑜等37人为北京照明学会第三届理事会理事。

选举吴初瑜为理事长，肖辉乾、詹庆旋、王谦甫、张敏为副理事长，白光宇为秘书长，并决定授予王时煦为名誉理事长。

张敏等6位专家作了照明设计、计量测试、舞台影视照明等学术报告。

北京市科协党组书记、副主席王兆熊同志的贺辞

第三次代表大会会议纪要（1989年第2期《照明技术》）

为第十一届亚运会服务

- 亚运会主场馆开幕式、闭幕式照明设计：1989年8月舞台照明专业委员会的专家，全力投入开、闭幕式照明方案设计及新光源、新灯具等照明器材的研制工作，与邯郸灯具厂的科技人员一道日夜奋战，成功地研制出4000瓦超级追光灯，使开幕式的"相聚在北京"大型团体操表演和闭幕式的"今夜星光灿烂"大型文艺表演大放异彩，受到亚运会指挥部的表彰。

- 朝阳、丰台、月坛、奥林匹克体育中心等体育馆的照明设计及研究：我会专家，提出了技术合理、经济实用的设计方案，经验收，工程的照明质量全部达到预定的设计要求。

- 主会场大屏幕的光学测量和13个体育场馆的照明效果测试：由计量测试专业委员会的专家承担，为大会提供全套科学的技术数据。

- 在亚运工程部分体育场馆的光源与电器出现问题的关键时刻，吴初瑜理事长带领学会科技人员及时解决问题，为我会赢得了荣誉，得到了北京市科协"迎亚运最佳科技活动奖"。

- 《照明技术》编辑部1991年编印了"第十一届亚洲运动会建筑照明专辑"，庆祝第十一届亚运会的圆满成功。中科院学部委员、技术学部主任、北京市科协主席王大珩，北京市科协党组书记、副主席季延寿和中国照明学会副理事长蔡祖泉教授分别为专辑题辞：由北京照明学会参与建设的"亚运照明在我国照明史上增添了光辉灿烂的一页，促进了我国照明事业的发展"。

《照明技术》第十一亚洲运动会建筑照明专辑

中国照明学会副理事长蔡祖泉同志题辞

中国科学院学部委员、技术学部主任、北京市科学技术协会主席王大珩同志题辞

北京市科协党组书记、副主席季延寿同志题辞

为北京城市夜景照明建设建言献策

- 1992年3月在市领导作出"让北京亮起来"的指示后，学会由肖辉乾副理事长和白光宇秘书长组织起草，几十位专家四次讨论，编写了《关于首都北京城市夜景照明总体规划和实施方案的建议》，经市科协上报市政府，受到市主要领导的重视，对指导北京城市夜景照明的健康发展起到重要作用，被市科协评为1992年优秀信息。

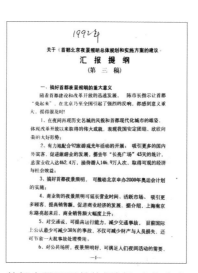

首都夜景照明总体规划和实施方案的建议（1992年）

《北京科技报》访谈副理事长肖辉乾教授

- 1993年8月4日，人民大会堂管理局、上海亚明灯泡厂和北京照明学会，在人民大会堂河北厅共同召开了"人民大会堂夜景照明方案研讨会"。各方领导和专家共20多人出席会议。经过方案评审和试验对比所确定的方案能较好地再现人民大会堂雄伟庄严的美姿和建筑风格。

- 1996年9月19日，学会给北京市长助理刘敬民同志写信，反映经市领导批示的《关于首都北京夜景照明总体规划和实施方案的建议》四年来仍未落实。信中反映了在夜景照明建设中存在的没有统一规划、整体效果差、互相攀比亮度、光污染严重和施工不规范等主要问题，并呼吁市政府统一部署，使上述文件在全市得到落实。

- 1996年10月8日，刘敬民同志听取学会肖辉乾副理事长等专家汇报，并于11月29日主持召开各区、县、局有关领导会议，请肖辉乾作了"如何搞好北京城市夜景照明"的专题报告。刘敬民指出："让北京亮起来还要讲科学，夜景照明是一项系统工程，是技术与艺术的结合，技术含量高，要有统一规划。今后各区主要街道、重点建筑的夜景照明工程要参考国内外成功的经验，与学会专家紧密结合，在技术上请他们给予指导和帮助。"

金桥工程

根据北京市科协1991年开始组织实施"金桥工程"的相关要求，学会结合行业的特点，把推广高效节能金属卤化物灯与灯具替代高耗能的汞灯和大功率白炽灯，为企业进行车间照明改造，作为实施"金桥工程"的主要内容，通过技术服务，为企业搭桥，解决生产关键，促进生产力发展，取得了较好的社会效益。

据不完全统计，从1991年至2002年的十年间学会共完成"金桥工程"70余项，为北京内燃机总厂、北京轻型汽车有限公司、国营二三九厂、中国革命历史博物馆等70多个企业的车间、展厅完成照明改造，总面积约10万平方米，不但使车间（展厅）照明的平均照度提高到300~400勒克斯，而且可节约照明用电30%~40%，每年可为国家节电60万千瓦时，为此多次受到市科协的表彰与奖励。其中，荣获"金桥工程"项目一等奖一项、二等奖二项、三等奖二项，荣获"金桥工程"组织工作奖一等奖三次、二等奖二次。

仅从1992年至1994年的三年中，就有《北京日报》《北京晚报》《北京科技报》《中国科协报》《中国轻工报》《齐齐哈尔日报》《鹤城晚报》等新闻媒体对北京照明学会为企业车间照明改造进行咨询服务的报导共12篇，在社会上产生了很大影响。

在实施"金桥工程"中，先后召开五次"金属卤化物灯应用推广会"。

五次"金属卤化物灯应用推广会"一览表

时间	地点	应用推广会内容	参会人数
1991年初	汇园公寓	请上海亚明灯泡厂介绍引进美国技术首先在国内大批量生产具有世界水平的金属卤化物灯	近百个企业200多人
1991年11月20日	国营二三九厂	听取学会专家关于"提高工业厂房照明质量和节约照明用电有效途径的报告"和二三九厂车间照明改造经验的介绍，并参观照明效果	70多个厂家近百名代表
1992年11月	北京仪器厂	介绍北京内燃机总厂、北京第二机床厂、北京重型电机厂、北京人民轴承厂、北京齿轮厂、国营一五九厂和六九九厂等近20个企业进行的车间照明改造的经验，并参观北京仪器厂车间照明改造效果	近百家企业代表
1993年4月24日	齐齐哈尔钢厂	齐齐哈尔市科协与北京照明学会联合召开。学会专家讲解金属卤化物灯的特性，介绍学会为该厂钢坯车间进行的照明改造案例	全市企业参加
1993年11月4日	哈尔滨市	黑龙江省科协与北京照明学会联合召开。学会专家介绍三年来学会为老企业改造车间照明取得的成绩，论述了金属卤化物灯的特征，在现场进行了与高压汞灯照明效果的对比演示。黑龙江省科协把推广应用金属卤化物灯列入了省科协的《金桥工程》计划	来自哈尔滨、齐齐哈尔、大庆、牡丹江、佳木斯、阿城等大中城市的重点企业共百余人

金桥工程奖励证书

《照明技术》关于"金桥计划"的报导（1993年第1期）　　北京仪器厂车间照明改造后实景

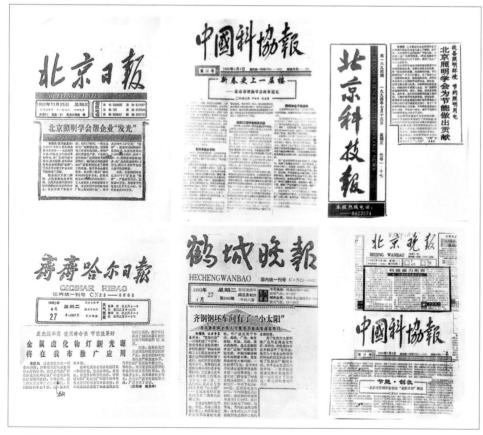

各媒体报导北京照明学会积极开展"金桥计划"为节能作贡献

学会第四次代表大会

1994年6月18日,北京照明学会在劳动人民文化宫举行第四次代表大会,113名代表出席会议。市科协副主席张大力、中国照明学会副理事长甘子光到会并讲话。大会通过白光宇秘书长代表吴初瑜理事长所作的工作报告和修订的《北京照明学会章程》,选举由吴初瑜等49名理事组成的学会第四届理事会。

选举吴初瑜为理事长,肖辉乾、王谦甫、张敏、戴德慈为副理事长,白光宇为秘书长。

《北京照明学会章程》(第四届)

配合市政府第一次有计划地加强和提高天安门广场和长安街夜景照明

1997年在市市政管委的组织领导下,北京照明学会圆满地完成了春节、"七一"(暨迎接香港回归)和"十一"政府交办的天安门广场和长安街夜景照明建设各项任务,专家们出色的工作得到市领导的充分肯定。

- 1997年2月初,北京市市政管委召开会议贯彻落实李鹏总理和市领导关于在禁放烟花爆竹后,仍要创造春节节日气氛,丰富人民文化生活的指示,要求在春节前紧急完成改善天安门广场的夜景照明。为此,由肖辉乾副理事长主持,学会很快提出了人民英雄纪念碑的整体照明设计方案和人民大会堂、中国革命历史博物馆的夜景照明改进方案,并在相关单位的支持和配合下,圆满地完成了任务,为市民欢度春节增添了新的亮点。

- 1997年3月3日北京市市政管委召开会议,提出"七一"前进一步提高天安门广场和长安街夜景照明效果,"十一"前要完成城八区和二环路以内主要建筑物的夜景照明建设任务。提出要用灯光把天安门广场和长安街装点得更加亮丽,更加雄伟壮观,以此来迎接香港回归和十五大的召开。

- 根据3月3日会议要求,在肖辉乾副理事长和白光宇秘书长的组织领导下,北京照明学会于1997年3月20日编制完成了《加强和提高天安门广场和长安街夜景照明总体规划及总体设计》,4月7日市市政管委召开会议批准了学会报送的"总体规划及总体设计"。

- 根据1997年4月7日会议要求,北京照明学会于4月15日向市市政管委报送了《关于天安门广场周围和长安街主要建筑物新设或加强夜景照明设施的若干建议和要求》,该"建议和要求"对新设或加强夜景照明设施的80个建筑物和过渡景观分别提出了具体改进要求。

- 1997年4月25日市市政管委召开夜景照明工作动员大会,规划中所列新设或加强夜景照明的80个单位主管领导出席会议,会上宣布了"总体规划和总体设计"以及整顿工作进度要求,肖辉乾副理事长在会上对规划内的每一个单体建筑物的设计要求、改进和工作内容作了详细说明。

- 根据市市政管委的工作安排,北京照明学会负责审查各单位报送的夜景照明设计方案。从1997年4月底到5月底学会专家组日夜兼程,连续作战,争时间、抢速度,先后共审查各单位报送的88个设计方案。同时

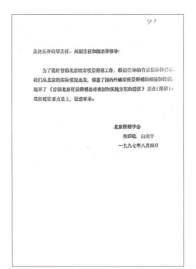

首都北京夜景照明总体规划和实施方案的建议

北京城市夜景照明总体规划纲要

还走访了36个单位，提供设计构想10个，现场指导12处，测量与试验3处，顺利完成了"七一"前的工作任务。

- "十一"前北京照明学会组织有关专家在城八区和二环路以内全面调查，经过分析研究确定了100个重点建筑物，报送市市政管委组织实施夜景照明建设任务，并协助西城、海淀、石景山等区完成了夜景照明规划设计方案审查工作，参加了市市政管委组织的夜景照明工程验收评定工作。

为迎接建国50周年全面整顿长安街夜景照明，做有力助手和技术参谋

1998年9月18日，市委、市政府下发了《迎接建国50周年全面整顿长安街及其延长线实施方案》的文件，要求以国际化大都市环境水平为目标，依据长安街长远规划，按照迎接建国50周年庆祝活动的要求，全面整顿沿街环境和建筑，使街道两侧面貌焕然一新，形成庄重、素雅、大方、协调的长安街风格。

- 1998年9月28日，市市政管委召开"迎接建国50周年长安街及其延长线夜景照明综合整治方案专家审查会"。以肖辉乾任组长的专家组共11人参加评审工作，并对方案进行补充、修改和完善，报请市有关领导部门审批后，转入下一段的设计和实施。

- 1998年12月受市市政管委的委托，学会负责组建"北京市夜景照明设计方案专家审查组"，负责夜景照明设计方案的审查。为体现专家组的权威性和公正性，学会从本市科研院所、大专院校、规划设计院等各有关单位，选定在照明行业中有一定影响和造诣的专家、教授共14人组成专家组，肖辉乾任组长，成员有吴初瑜、张绍纲、詹庆旋、孙维绚、李风松、朱维理、王谦甫、戴德慈、张耀根、高纪昌、白光宇、王大有、王宏宇。

- 1998年和1999年学会组织有关专家结合北京城市夜景照明现状及城市发展规划要求，进一步完善了北京城市夜景照明总体规划的建议，对天安门广场平均照度、围合建筑物夜景照明平均亮度比定标，对完成1999年迎接建国50周年城市夜景照明整治工作起到了技术指导作用。

- 1999年1月11日和6月18日,学会与市市政管委联合举办了两次夜景照明技术讲座,城八区主管夜景照明工作负责人和长安街沿线各单位300余人到会,肖辉乾、吴初瑜、詹庆旋等多位专家作了城市夜景照明专题报告,松下公司、飞利浦公司、上海亚明灯泡厂等11个企业作产品技术介绍。

广安门桥夜景

- 1999年6~9月,宣武区委托北京照明学会主导完成广安门桥的夜景照明设计并指导施工,学会常务理事徐长生时任宣武区副区长,亲自组织学会专家进行方案论证,学会委派设计专业委员会委员徐华进行现场设计和施工配合,保证了国庆前顺利亮灯。

- 专家组先后八次按总体规划要求审查了东城、西城、海淀、朝阳各区上报的建筑物夜景照明设计方案共113项,审查结论报送市市政管委和各区。

- 学会为市市政管委制定了《夜景照明工程竣工验收办法》,并协助市市政管委对所有夜景照明工程分批进行效果检查验收。

北京照明学会专家在长安街进行夜景照明现场指导

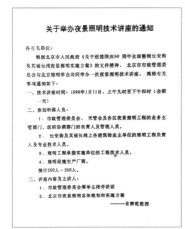

与北京市市政管委联合举办夜景照明技术讲座的通知

- 1999年8月25日，中共北京市委宣传部、北京市市政管理委员会发布《关于开展北京市夜景照明优秀景点（景区）评比活动的通知》（京政管字[1999]109号），北京照明学会负责具体的评比组织工作。

学会为北京市市政管委制定了《夜景照明评比标准和办法》；协助市政管委组织了第一次由市民参与打分的夜景照明评比活动，报请市政府批准，给予表彰，受到市民和媒体关注。国庆五十周年的夜晚，天安门广场和长安街上出现了国庆观灯潮。

此次评比取得良好的社会效果，促进北京夜景照明工作的开展。北京照明学会的工作得到了市政府的肯定。肖辉乾等同志获首都国庆活动后勤保障指挥部嘉奖。

北京市市政管委给学会颁发的嘉奖证书

北京市市政管委给专家颁发的聘书和荣誉证书

市委宣传部和市市政管委联合发布北京城市夜景照明优秀景点、景区评比活动通知

媒体宣传本次评比活动

北京市市政管委和市委宣传部联合发布评选结果

围绕照明科技热点，举办学术交流

- 1991年8月2日，学会邀请参加CIE22届大会的中国代表团的北京代表甘子光、詹庆旋、李在清、庞蕴凡等同志向到会300名会员介绍了年会的概况，报告了室内照明、视觉与颜色、光学辐射测量标准等重要学术问题。

- 1994年9月10～11日，学会召开"金属卤化物灯技术研讨会"，出席会议的近百名专家就金属卤化物灯存在的质量问题及解决途径和进一步推广应用等问题进行了深入探讨和交流，并将会议情况反馈给相关国企。

- 1994年6月3～5日，在苏州召开了由学会等四单位联合发起的"第二届全国霓虹灯技术研讨会"。全国90多个单位147名代表出席会议。会议围绕霓虹灯的制造工艺、材料、电极、涂粉、电气等内容共作了17个专题报告，对霓虹灯电感变压器、电子变压器、霓虹灯、霓虹灯电极、霓虹灯粉等五个推荐标准进行了讨论和修改。

各专业委员会学术活动精彩纷呈

- 照明设计专业委员会自1989年3月至1998年3月，共举办新产品、新技术推广应用及技术研讨会20余次，参加会议的各企业科研设计等部门约1500多人次。

- 电影电视照明专业委员会于1991年5月和中国照明学会电影电视舞台照明专业委员会共同举办"电影与电视照明发展研讨会"，针对目前影视照明产品存在的主要问题，对今后研制和生产多功能及特殊用途的照明新产品提出建议。

- 大型公共建筑照明专业委员会于1991年6月18日在人民大会堂云南厅举办学术报告会。吴初瑜理事长向出席会议的大型饭店、大型商场等60余名负责同志作了"我国电光源发展趋势"的学术报告。

- 灯具专业委员会于1995年11月3日举办室外照明学术报告会。詹庆旋教授作"建筑物夜景照明设计"学术报告，与会人员围绕北京城市夜景照明存在的问题和发展方向展开了深入讨论。

- 电光源专业委员会于1996年2月12日召开学术报告会，50多名科技工作者出席会议。吴初瑜理事长和王大有高级工程师向与会者分别作了"跨世纪电光源发展"和"电子镇流器发展前景"的学术报告。

- 照明技术开发专业委员会于1996年4月15日召开了"荧光灯用电子镇流器技术研讨会"，本市各设计院、生产企业和施工单位近300人出席会议。王大有作了"荧光灯用交流电子镇流器的主要性能及其发展前景"的学术报告，古瑞公司、科贝尔公司、北京七〇一厂介绍了各自研制开发的电子镇流器新产品概况。

- 计量测试专业委员会与中国计量科学研究院于1996年6月19日联合召开学术报告会。李再青同志向到会者介绍了在印度召开的第23届CIE大会情况，杨臣铸主任作了"测量误差基础知识及测量不准确度评定方法"的学术报告。

- 建筑施工照明专业委员于1998年4月15日召开会员大会。北京市建筑工程质量监督总站王振生高工为出席会议的300多名会员作了"当前建筑电气、施工质量监督信息与动态"的学术报告。1999年3月27日召开会员大会，北京市消防局胡世超高工为出席会议的250名会员作了"火灾自动报警系统施工验收规范"的学术报告。

1990年国际学术交流委员会编辑的《国外照明动态》

照明设计专业委员会为企业开展咨询活动向企业赠送锦旗

建筑照明施工专业委员会在团体会员单位海捷电气设备有限公司现场咨询

照明科技展览持续举办

- 自1987年至2001年照明设计专业委员会连续举办"照明、电气产品交流展示会"共15届，累计参展企业1050余家，参加交流的工程技术人员约22500人次，为生产厂家与设计、施工单位之间搭建良好的桥梁。

- 1991年9月电影电视照明专业委员会组织了"北京电视设备展览会"，会后组织有关人员对当前影视照明器材设备的需求与发展以及新产品开发等问题进行了交流和研讨。

• 1991～1998年照明技术开发专业委员会共举办"新光源、新灯具及照明电器设备展示会"共6届，累计参加展示的企业有300余家，参加展示产品达2000余种，参观展示和交流的设计工作者近万人次，每次展示会还分别围绕建筑物夜景照明、广场照明、体育场（馆）照明、高杆照明设计等问题进行广泛交流。

2001年照明设计专业委员会第15届技术交流展示会会场

"学习班"是一个时代的记忆

20世纪90年代，我国的照明科技在改革开放的大背景下快速发展，为满足广大会员需求，学会各专委会举办了各类学习班和技术讲座。

1991~1998年"学习班"一览表

主办专委会	时间	学习班名称/主要内容	参加人数
设计专业委员会	1991年10月	照明设计与应用学习班 "电气防爆与照明""体育场馆照明设计"	32个设计单位40人
舞台照明专业委员会	1991年10月	舞台灯光培训班 "舞台灯光的设计和使用技术"	全国各地43人历时一个半月
计量测试专业委员会	1991年12月6～16日	"激光辐射学习班"	37人
		"色度学习班"	50人
电影电视照明专业委员会	1991年	"电视照明专业证书班"	49人
		"调光控制台操作人员培训班"	53人
		"边远地区剧团舞台操作人员培训班"	63人
		"舞台电视照明与音响设计培训班"	60人
建筑施工照明专业委员会	1994年2月5日	"建筑施工消防安全规范"	会员400人
	1995年3月5日	"北京市建筑工程电气安装质量若干规定"	会员500余人
	1996年11月17日	"10千伏交流热缩电缆终端头"技术报告、"普利卡金属套管等电气新产品介绍"	会员400人
	1997年3月30日	"建设工程施工技术管理办法"报告	会员400余人
	1997年4月15～17日	"电气安装工程电气照明装置施工及验收规范"国家标准学习班	主管标准工作的科技人员190人

奋进的历程　79

续表

主办专委会	时间	学习班名称/主要内容	参加人数
照明技术开发专业委员会	1995年3月23~30日	"建筑电气设计新技术学习班"（建筑自动化系、智能大厦计算机管理、综合布线系统，火灾自动报警系统设计等）	130多人
计量测试专业委员会	1998年8月	"紫外辐射测量学习班"	市检测部门和部分企业计量测试科技人员30多人

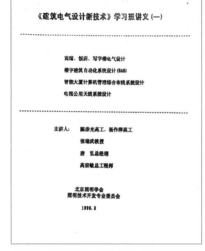
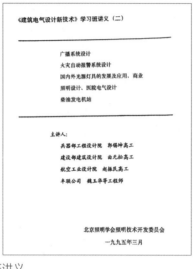

照明技术开发专业委员会编写的学习班讲义

1997年照明设计专业委员会编辑的论文集

积极参加北京科技周

自1995年以来，北京市政府每年5月都举办"北京科技周"活动，学会组织科普工作委员会和咨询工作委员会专家围绕每届科技周的主题，结合学会特点和技术优势，到公园、进学校、去广场，向参观者讲解节能光源科普知识，积极开展"绿色照明"科普宣传。北京照明学会多次获得市科协的表彰。

1999年北京照明学会参加北京科技周活动

2000年参加北京科技周活动

2002年参加北京科技周活动

2001年参加在中山公园举办的北京科技周活动的展板

2002年市科协副主席贺慧玲（左二）、辛俊兴（左一）等领导参观在陶然亭公园举办的北京科技周活动中北京照明学会科普宣传展台

2000年张绍纲教授为北京十一中学师生作科普报告

北京十一中学学生回答张绍纲教授的提问

第三个十年　科学发展时期
1999-2009

学会第五次代表大会

2000年1月28日，北京照明学会第五次代表大会在北京路灯管理处召开，94名正式代表和26名特邀代表出席。市科协副主席贺慧玲、北京市市政管理委员会夜景照明处处长裴成虎、中国照明学会理事长甘子光、中国照明电器协会理事长陈燕生到会并讲话。大会通过王大有代表、吴初瑜理事长所作的《坚持改革、奋力拼搏、努力开创首都照明事业的新局面》的工作报告和修改后的《北京照明学会章程》，选举由肖辉乾等47名理事组成的北京照明学会第五届理事会。

北京照明学会第五次代表大会主席台

选举肖辉乾为理事长，马述荣、王大有、洪元颐、徐长生、裴成虎、戴德慈为副理事长。王大有兼秘书长。

大会还选举产生了第一届监事会，并决定授予王时煦、吴初瑜为名誉理事长。

学会第一届监事会

根据北京市民政局社会团体管理办公室有关"各社会团体自1997年后都要设立监事会"的规定，北京照明学会于2000年召开第五次代表大会时，选举产生了第一届监事会。刘水生、娄荣兴、高执中等3人组成第一届监事会，刘水生为监事长。

学会第一个党支部

2000年，中共北京市委组织部决定，全市各社会团体专职工作人员中有三名以上党员的在2000年7月1日前都要建立党支部。经学会挂靠单位中共北京电光源研究所党委研究同意，报北京市科协批准，学会于2000年6月5日建立了党支部，姜常惠同志任党支部书记。学会党支部在北京电光源研究所党委领导下工作。

2014年6月10日，北京市科学技术协会社会组织党建工作委员会决定北京照明学会成立党建工作小组，组长华树明，副组长王大有。

北京照明学会党建工作小组和中国照明学会党支部联合组织党员前往革命圣地——延安，参观杨家岭、枣园革命旧址，接受红色教育，感受老一辈共产党人、革命先驱艰苦朴素，一心为民，奋发创业的革命精神。

北京市科协批准北京照明学会成立党建工作小组的决定

北京照明学会党建工作小组组织参观学习活动

深入照明工程一线，提供技术咨询

- 2001年，学会受人民大会堂的委托对山西厅的照明改造进行技术咨询及方案论证。

- 2000~2002年，学会受市市政管委的委托多次组织专家在北京饭店观景台上观察视野范围内重要建筑物的照明现状，并报送了建筑物名单及整改建议。

- 2002年10月，受北京奥组委技术部的委托，照明学会组织肖辉乾、詹庆旋、王大有、戴德慈、汪猛、邴树奎等部分专家为奥运会主会场馆照明设计方案进行技术咨询，专家们根据国际照明委员会体育场馆照明标准和世界体育场馆照明案例，提出许多建设性的意见和建议，受到北京奥组委的好评。

- 2003年3月受市科协的委托，学会组织有关专家对市科协常委会会议厅、多功能厅、报告厅的照明改造进行技术咨询，照明设计专业委员会主任邴树奎提出照明改造设计方案，会员单位负责施工，三个厅的照明效果有了明显的改进，达到了预期的设计要求。

- 2003年4月，在非典肆虐京城的紧要关头，为完成建设小汤山专科医院的艰巨任务，北京多路建设大军会战小汤山，创造了七天七夜建成北京小汤山医院的奇迹。其中北京照明学会建筑施工照明专业委员会的近30名会员，不顾个人安危，完成了医院的照明、动力及各种设施的安装施工任务，为打赢这场关系首都人民安危的战争立下了战功。

- 2003年6月20日，学会电光源专业委员会与中国照明学会电光源专业委员会、中华医学会共同举办"紫外线杀菌灯研讨会"，学会和来自抗击非典一线防护中心、军事医学科学院生物流行病研究所等单位30多位专家出席会议。会议围绕紫外线杀菌灯的杀菌、消毒、灭菌的作用，消毒装置及空气消毒鉴定方法，紫外杀菌灯标准等问题展开了热烈讨论；同时指出了紫外线杀菌灯目前存在的质量参差不齐、使用方法不当、产品没有警示标记等问题，希望引起有关方面重视，认真加以解决，以更好地发挥紫外线灯及其装置在公共卫生事业中的作用。

首都北京特色夜景照明决策咨询

调研与建议

2001年学会向市市政管委提示"完善长安街和相关重点地区夜景照明的建议"，得到市市政管委采纳。市管委会同学会对北京夜景照明进行了进一步深入调研。学会的调研报告《长安街及其延长线夜景照明现状及改进建议》获2002年度北京市科协优秀调研成果奖。

天安门广场夜景照明

- 2003年根据市市政管委工作部署，由北京照明学会负责，中国建研院物理所和北京雅力苑公司完成天安门地区，包括天安门城楼、金水桥、观礼台、华表、旗杆座和松树夜景照明改造的方案设计和实施工作。

- 2004年9月25日，学会协助团体会员单位北京雅力苑环境文化艺术有限责任公司完成人民英雄纪念碑照明改造，首次在纪念碑碑顶增设了特制的、可自动转换的照明灯具；碑体采用陶瓷金属卤化物灯和高效投光灯具，调整了布灯方案，在降低用电量40%的条件下大大提高了人民英雄纪念碑的整体照明效果。

- 2006年10月15日，北京市市政管委、故宫博物院共同召开"紫禁城夜景照明防火安全的现场工作会"，学会副理事长赵建平、王大有、邝树奎、曹卫东等人参加。

- 2007年1月11日，毛主席纪念堂管理局邀请学会专家参加"毛主席纪念堂照明改造"论证会，参会专家对该项目的深化设计、模拟试验给予评议和咨询。2008年5月21日，毛主席纪念堂管理局委托学会组织北京、上海、浙江相关专家对内投光LED照明系统方案进行论证。

2001年学会向市管委建议完善长安街等重点地区夜景照明

调研报告获北京市科协调研成果优秀奖

北京市市政管委会同北京照明学会拍摄北京夜景照明

2002年市市政管委发文进一步提高长安街及其延长线夜景照明水平

学会专家组2003年国庆前夕陪同市市政管委和天安门管委领导审查天安门广场夜景照明效果

设计人员向专家组汇报夜景照明方案　　　　2000年学会专家组审查长安街夜景照明设计方案

北京市古建筑夜景照明

2000年市市政管委给学会下达了"北京古建筑夜景照明研究"课题。学会由肖辉乾理事长任组长组成课题组，经近5个月调研，除收集了北京古建筑现状及照明情况外，还对太原、大同、西安的20多处古建筑进行了调研，为搞好北京市古建筑夜景照明提供了重要参考资料。

之后，北京照明学会与市市政管委多次联合召开古建筑照明技术研讨和座谈会。由学会会员和专家们参与的故宫、前门箭楼、德胜门箭楼、东便门角楼以及随后的永定门等北京古建筑夜景照明，其设计和实施效果更上一层楼。

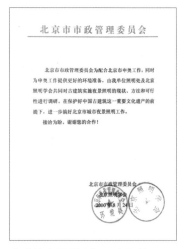 

古建筑夜景照明调研介绍信　　　景山公园万春亭夜景

北京的立交桥夜景照明

2000年至今,学会专家组先后完成了四元桥、国贸桥、木樨地桥、菜户营立交桥、天宁寺桥、新兴桥、三元桥、望和桥、玉蜓桥、奥运中心区及周边立交桥等北京四环以内几乎所有立交桥的夜景照明设计方案的审查及现场试验和工程验收工作。

木樨地立交桥夜景

阜成门立交桥夜景

国贸桥夜景

复兴门桥夜景

三元桥夜景

北京夜景照明开灯方案

2002年8月根据市市政管委的要求，学会针对长安街160余幢建筑物的具体情况，制定了详细的平日、节日、重大节日开灯方案。2008年，由北京照明学会在实践中提炼的"城市夜景照明开灯三模式"，写入行业标准《城市夜景照明设计规范》JGJ/T163，走向全国。

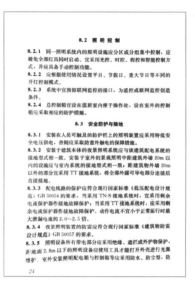

《城市夜景照明设计规范》JGJ/T163第8.2.2条"规定的开灯控制模式"

国内考察学习

2001年11月14日，学会理事长肖辉乾、秘书长王大有应市市政管委照明处邀请，共同考察上海城市照明现状、监控中心及相关设施，并与上海市市政管委进行深入的技术管理工作交流。

积极推介国内外照明新技术、新产品，促进行业发展

2000~2003年照明新技术新产品推介一览表

时间	推介方式	内容/举办方	参加人数
2000年11月2日	**欧司朗21世纪光源发展研讨会**（与中国照明学会电光源专业委员会、德国欧司朗公司联合召开）	德国专家介绍了该公司的超级钠灯、双内管钠灯、陶瓷内管金卤灯、无极灯、平面灯、T8和T5荧光灯，以及半导体光源、电子镇流器等新光源的发展和应用情况	本市照明专家和设计工作者100多人
2001年10月11日	**灯具与照明技术研讨会**（由灯具及附件专业委员会和佑昌电器（中国）公司联合召开）	会议针对灯具行业的现状及"入世"、"申奥成功"给灯具及照明行业带来的机遇进行了广泛的讨论。佑昌公司介绍了佑昌的产品和工程业绩	20多位委员和专家
2001年10月14日	**体育照明新产品技术研讨会**（和飞利浦照明（中国）公司共同举办）	飞利浦公司报告了最新研制和开发的体育馆所需要的各种照明新产品的技术特点，为2008年奥运会体育场馆建设献上最新产品	设计工作者和科技人员100多人
2001年11月19~21日	**迎奥运照明研讨会**（和GE公司共同举办）	中外专家对奥运会体育场馆照明进行了广泛交流，共同探讨了设计新理念	100多名照明科技工作者出席会议

续表

时间	推介方式	内容/举办方	参加人数
2001年11月20日	2001现代化建筑与照明国际（北京）研讨会（与中国照明学会、深圳创先照明科技公司联合召开）	深圳创先公司介绍了办公室照明、艺术照明新的设计理念和方法，就大家共同关心的问题进行了交流	照明设计工作者150余人
2002年3月20日	TRIDO NIC-ATCO镇流器及数码调光产品研讨会（与GLM智毅电器照明（上海）公司联合召开）	智毅公司报告了"ATCOEC/LLEC镇流器的结构、材料及设计新概念"，以及"DALI数码调光控制系统的特点"	80多名照明科技工作者
2002年3月14日	学术报告会（与北京电气设计情报网联合召开）	三个学术报告："建筑电气控制系统和照明设计""智能化建筑电气自动控制系统""植物园展览温室照明设计"	150名科技工作者
2002年7月20日	应急照明电源新产品、新技术研讨会（照明设计专委会主办，北京绿保创统科技发展公司协办）	青岛创统公司介绍"集中供电式应急电源产品"	各设计院70多人
2002年10月8日	世界夜景照明趋势学术报告会（照明学会举办）	飞利浦亚太区首席技术执行官K·Seshadri先生介绍当前世界各大城市夜景照明设计的新理念及特点	50多名照明科技工作者与会
2002年10月11日	节能电感镇流器报告会（与国际铜业协会（中国）联合召开）	铜业协会的专家介绍室内外照明用节能电感镇流器的设计、结构和基本特征	110名科技工作者参会
2002年11月20日	面向未来的光环境设计研讨会（与北京东芝照明设计中心联合召开）	肖辉乾理事长和日本专家在会上作了未来的光环境发展趋势的学术报告	中外专家100余人出席
2003年8月22~26日	2003舞台影视灯光网络与新技术研讨会（与中国照明学会舞台影视照明专业委员会共同举办）	会议围绕灯光控制技术及网络技术的发展、国内外现代化剧场及演播厅建设、数字化灯光设备研发及推广应用等方面，共12个专题报告 代表参加"BIRTV2003"国际广播电视设备展览会开幕式，并参观了展览	全国各地电视台、剧院、院所等120多位专家和代表出席

创新科技交流学术月活动

自1998年开始，市科协每年9月都根据国家建设和科技发展的重点确定一个主题开展全市性的科技交流学术月活动。北京照明学会根据学术月的主题结合本学会的特点有针对性地组织学术交流活动，到2003年已举办过六届。

• 1998年9月市科协首次举办科技交流学术月活动，主题为"世纪展望"。照明学会将迎接新世纪、新千年的标志性建筑——中华世纪坛的照明设计作为科技交流学术月的主题，组织专家先后五次讨论总体照明规划、审议方案、参与现场试验与验收。

• 1999年9月市科协举办第二届科技交流学术月活动，主题为"科技创新"。照明学会以市政府整顿长安街及其延长线的城市夜景照明为重点，专家组共召开50多次方案审查及研讨活动，统一规划了天安门广场和长安街夜景照明的亮度分布，审查了长安街113栋建筑物的夜景照明设计方案，以及故宫、前门、王府井大街等重点工程照明方案。

- 2000年9月市科协举办第三届科技交流学术月活动，主题为"面向2049年北京的城市发展"。照明学会与市市政管委联合召开的"21世纪城市夜景照明技术与管理学术研讨会"。来自北、上、广、深等16个省市，以及松下、索恩、欧司朗等国外公司的120多名专家和会员出席研讨会，共征集论文32篇，会上发表论文16篇，研讨会还组织代表晚上观光了天安门地区、王府井大街和长安街的城市夜景照明。市市政管委主任阜柏楠、市科协副主席贺慧玲、原建设部城建司张红梅等领导到会并讲话。本次活动被列入市科协重大学术活动，获市科协"学术月组织工作奖"。

- 2001年9月市科协举办第四届科技交流学术月活动，主题为"新世纪、新科技、新北京"。照明学会召开了"新世纪照明发展与应用研讨会"。本次活动获市科协"学术月组织工作二等奖"。

- 2002年9月市科协举办第五届科技交流学术月活动，主题为"机遇、创新、发展"。照明学会为促进自然光和太阳能在2008年奥运场馆建设中得到广泛应用，实现创办绿色奥运的目标，召开了"自然光与太阳能在现代照明技术中的应用研讨会"。来自京、津、港，以及飞利浦、欧司朗、松下、GE、佑昌等外国公司驻京代表共120人出席研讨会。会议论文集收入论文24篇，会议报告15篇。本次活动获市科协"学术月组织工作二等奖"。

学会荣获市科协学术月组织工作奖

- 2003年10月9日市科协主办第六届北京科技交流学术月开幕式，主题为"科技创新、建设小康"。照明学会和北京市市政管理委员会、日本松下电工（中国）有限公司于10月24日联合召开了"古建筑照明技术研讨会"，中日照明专家共130人出席研讨会。市科协副主席贺慧玲、市市政管委夜景照明处处长贾建平、中国照明学会理事长甘子光、中国照明电器协会副秘书长刘升平、北京工业大学党委书记张毅刚、松下电工驻北京代表田中弘司先生到会并致辞。会议论文集共收集论文17篇，会议报告10篇。

发起并持续举办"四直辖市照明科技论坛"及工作交流会，成为业内学术交流著名品牌

2001年初由肖辉乾理事长提议，北京照明学会向上海、天津、重庆三个直辖市照明学会发出倡议，建议每年召开一次四个直辖市照明学会的学术和工作交流联谊活动，第一次会议建议由北京照明学会主持召开。该倡议得到三个直辖市照明学会的积极响应。

2001年9月24~25日，北京照明学会召开"新世纪照明技术发展与应用研讨会"，并把这次会议作为四个直辖市照明学会的第一次"照明科技论坛"。上海、天津、重庆三个直辖市照明学会的领导应邀出席了会议，并发表了论文，参观了北京城市夜景照明。会后四个直辖市照明学会的领导进行了工作经验交流，讨论通过了《四个直辖市照明学会学术和工作交流会议协议书》，决定今后每年在四个直辖市轮流召开四个直辖市照明学会学术和工作交流联谊会。第二次会议将在上海召开。

自第一次交流会至今，18年来北京照明学会共主办召开五次四个直辖市照明学会学术交流会（"照明

科技论坛")和工作交流会,协办十二次四个直辖市照明科技论坛和工作交流会。

学会主办"四直辖市照明科技论坛"一览表

时间	论坛内容	学会工作交流会	备注
2001年9月24~25日	主办"2001年四直辖市照明学会联谊会(北京)",主题为"新世纪照明技术发展与应用研讨会"。四直辖市共十余名位专家作了学术报告,发表论文10余篇	第一次联谊会在北京商务会馆召开;组织代表参观了北京城市夜景照明、香山温室照明和世纪坛的照明设施	150余代表参会
2005年10月14~15日	主办"2005四直辖市照明科技论坛(北京)",主题为"城市照明的科学发展",征集论文50余篇,14位中外专家、学者作专题报告,出版论文集。同期颁发第一届北京照明学会"2005年度北京优秀城市夜景照明工程奖"	在人民大会堂北京厅召开,并组织代表参观了人民大会堂照明	180余名代表出席论坛
2009年10月15~16日	主办"北京照明学会成立30周年暨2009四直辖市照明科技论坛(北京)"。汪猛理事长回顾北京照明学会30年和四直辖市照明科技论坛的历程,向29位老学会工作者颁发《特殊贡献荣誉证书》。郝树奎、徐华副理事长主持以"照明节能"为主题的学术研讨会,6位专家作了学术报告,发表论文9篇,并与参会代表互动交流	在北京松麓圣方假日酒店召开,并组织代表参观了奥运中心区、科技馆及其照明设施	会议编辑了24.6万字的《2009年四直辖市照明科技论坛(北京)论文集》
2013年10月17~19日	主办"2013年四直辖市照明科技论坛(北京)"。十余名照明专家就当前的技术热点作学术发言并交流。发表论文43篇。出版《2013年四直辖市照明科技论坛(北京)大会报告》论文集	在北京万寿宾馆举办,组织代表参观游览"第九届(北京)国际园林博览会",并考察照明设施	160余人参加会议
2017年10月19~20日	主办"2017四直辖市照明科技论坛(北京)",主题为"创新、绿色、和谐、共享光环境"。8名专家大会报告。论坛以电子版出版论文集一册,收入论文57篇;出版《2017年四直辖市照明科技论坛(北京)大会报告》一册	在北京西国贸酒店召开四直辖市照明学会工作会议,参观雁栖湖夜景照明	400余人参会

首届四直辖市论坛部分代表参观中华世纪坛

2005年四直辖市照明科技论坛(北京)

2009年四直辖市照明科技论坛（北京）

2013年四直辖市照明科技论坛（北京）

2005年四个直辖市照明学会理事长在人民大会堂合影

2005年参加论坛部分北京代表在人民大会堂合影

2017年四直辖市照明科技论坛（北京）

2009年汪猛理事长和重庆照明学会杨春宇理事长交接旗帜

2013年华树明理事长和重庆照明学会杨春宇理事长交接旗帜

王晓英秘书长2016年在上海接旗

2017年徐华理事长向上海市照明学会梁荣庆理事长交旗

学会协办"四直辖市照明科技论坛"一览表

时间	协办情况
2002年12月	协办上海照明学会举办"第二届四直辖市照明科技论坛",肖辉乾、戴德慈、王大有等9人参加会议,并发表论文7篇
2003年10月14~16日	协办天津照明学会举办"第三届四直辖市照明科技论坛",肖辉乾、王大有、张绍刚、詹庆旋、李农等9人参会,并提交论文9篇
2004年11月15~17日	协办重庆照明学会举办"第四届四直辖市照明科技论坛",戴德慈、王大有等13人参会,并提交论文11篇
2006年8月19~21日	协办"2006四直辖市照明科技论坛(天津)",戴德慈、王大有、王晓英等十余人参会,提交论文10篇。四直辖市照明学会工作会确定: 1.同意上海照明学会提出设置、交接"四直辖市照明科技论坛会旗"的建议; 2.为全力以赴支持中国照明学会办好2007年7月7日在北京举办的第26届CIE大会,"四直辖市照明科技论坛"2007年停办一次
2008年9月10~12日	协办"2008四直辖市照明科技论坛(上海)",戴德慈、王大有、王晓英、徐华等十余人参加会议,并提交论文10篇
2010年11月6~7日	协办"2010四直辖市照明科技论坛(重庆)",汪猛、肖辉乾、赵建平等12人参会,并提供论文8篇
2011年11月24~26日	协办"2011四直辖市照明科技论坛(天津)",汪猛等十余人参会,提供论文9篇
2012年10月9~10日	协办"2012四直辖市照明科技论坛(上海)",汪猛等十余人参会,提供论文7篇
2014年10月31日~11月2日	协办"2014四直辖市照明科技论坛(重庆)",赵建平、肖辉乾、常志刚等10人参会,提供论文8篇
2015年10月16~18日	协办"2015四直辖市照明科技论坛(天津)",华树明、肖辉乾、邴树奎等十余人参会,提供论文9篇
2016年9月17~18日	协办"2016四直辖市照明科技论坛(上海)",华树明、徐华、肖辉乾、荣浩磊、常志刚等11人参会,提供论文7篇
2018年10月24~26日	协办"2018四直辖市照明科技论坛(上海)",徐华、赵建平、王政涛、王大有、马晔、萧宏等10人参会,提供论文8篇

2002年四直辖市照明科技论坛(上海)

2003年四直辖市照明科技论坛(天津)

2004年四直辖市照明科技论坛（重庆）

2008年四直辖市照明科技论坛（上海）

2011年四直辖市照明科技论坛（天津）

2012年四直辖市照明科技论坛（上海）

2010年四直辖市照明科技论坛（重庆）

2014年四直辖市照明科技论坛（重庆）

2018年上海照明学会成立四十周年庆典暨四直辖市照明科技论坛（上海）

北京照明学会第六次会员代表大会

2004年3月时逢北京照明学会成立25周年，3月31日第六次会员代表大会在北京蓟门饭店召开。84名代表出席。北京市科学技术协会、中国照明学会和中国照明电器协会等相关领导参会并祝词。会议听取并通过了王大有代表、肖辉乾理事长所作的工作报告，戴德慈副理事长作的章程修改报告，洪元颐副理事长作的财务报告和汪茂火监事作的监事会工作报告。大会按学会章程规定的程序，民主选举产生了66名理事组成的第六届理事会、22名常务理事和5名监事组成的第二届监事会。

北京照明学会第六次会员代表大会主席台

选举戴德慈为理事长；王大有、汪猛、李陆峰、邝树奎、屈素辉、赵建平、徐长生、贾建平为副理事长；王大有兼秘书长；刘水生为监事长。并决定授予王时旭、吴初瑜、肖辉乾为名誉理事长。

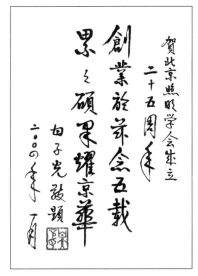
中国照明学会理事长甘子光题辞

中国照明电器协会名誉理事长曾耀章题辞

聚焦照明热点，开展多种形式国际、国内学术交流

围绕贯彻落实科学发展观和建设"新北京、新奥运"这个中心，聚焦照明节能、城市照明规划与规范、奥运场馆照明、大功率LED光源等热点问题，开展多种形式国际、国内学术交流。

2004~2008年国际国内学术交流活动一览表

日期	举办方	学术交流内容
2004年5月13~14日	清华大学建筑学院与北京清华城市规划研究院主办，北京市市政管委与北京照明学会协办	首次举办城市照明规划与设计国际研讨会 詹庆旋教授、CIE主席Wout Van Bommel先生、美国BPI照明设计公司总裁周錬先生、德国著名照明设计大师Ulrike Brandi女士等在会上作报告；日本松下电工高级研究员中村肇博士以及国内知名专家学者、照明科技人员160余人参加了会议。与会代表乘车参观了北京夜景
2004年4月5日	影视照明专业委员会与北京行德电气设备公司共同组织	美国vipessce冷光源灯具及最新国际冷光源布光技术研讨会
2004年8月15日	北京照明学会与和品能光电技术(上海)有限公司共同组织	大功率高亮度LED照明应用技术交流会
2004年9月20~21日	北京照明学会与中国照明学会和北京市市政管理委员会共同组织	中国照明论坛——城市夜景和体育场馆照明技术研讨会 200余人参加会议，刊印的论文集收集论文48篇，19名科技人员作专题报告
2004年11月26日	原建设部主办，学会派专家参加	2004中国城市照明（国际）研讨会 詹庆旋教授、肖辉乾教授和贾建平处长在大会上先后作"城市照明的科学发展观""景观照明建设需注意的问题与倾向"和"北京城市照明建设与管理经验"的专题报告
2005年4月14日	设计专业委员会和中国照明学会咨询工作委员共同举办	建筑电气与节能技术研讨会 设计师250余人参加会议

续表

日期	举办方	学术交流内容
2006年 10月13日	北京照明学会和市市政管委联合召开	**照明节能学术研讨会** 在国家发改委将实现绿色照明工程列为全国十大节能工程之一、原建设部发布"十一五"城市绿色照明工程规划纲要的背景下召开本次研讨会。 会上11名专家发言，120多人参加了会议。会议研讨、交流照明领域节约能源新策略、新技术、新方法、新产品和新发展，旨在对照明节能技术创新、照明建设的科学发展起到促进作用
2007年 10月13日	北京照明学会举办	**LED照明应用技术研讨会** 清华大学罗毅教授作"半导体照明现状与未来发展趋势"报告，航能美光电（上海）公司介绍"白光LED照明设计实例"。相关技术人员80余人参会，就LED的出光效率、显色性、照明设计和LED技术要求等应用的问题进行了研讨、交流
2007年 10月19日	北京照明学会学术工作部举办	**奥运照明设计学术报告会** 会议邀请2008年奥运会国家游泳中心电气设计总负责人李兴林作"国家游泳中心建筑物景观照明设计"专题报告，就"水立方"大面积采用LED照明的总体思路、LED特性与试验、设计与应用研究、节能效果等方面作了详细介绍，使与会人员共享了绿色奥运、科技奥运的成果
2007年 12月6~8日	北京照明学会与北京市新能源与可再生能源协会、中国照明学会太阳能光伏照明专业委员会（筹）共同召开	**太阳能光伏照明装置技术研讨会** 市农委、市发改委、国家半导体协调小组以及中国照明学会的领导到会并讲话。会上十余名专家作了专题报告，会议采用互动的形式，就技术标准、存在问题、发展方向又一次作了深入探讨。企业展示了最新产品
2008年 10月11日	设计专业委员会和青年工作委员会联合举办	**办公室建筑照明节能设计研讨会** 徐华作"办公室节能设计"主题报告，东芝照明（北京）公司董事长植田庆幸作"日本绿色照明发展状况"报告，该公司魏新胜工程师进一步论述了办公室节能的方法和手段。设计院等单位的照明设计人员30余人参会

在2004年"城市照明规划与设计国际研讨会"上，詹庆旋教授和CIE主席Wout Van Bommel先生，美国BPI照明设计公司总裁、著名照明设计师周錬先生合影

2006年照明节能研讨会

2004~2008年学会发动和依靠设计、施工、咨询、电光源等专业委员会和青年工作委员会，并与会员单位及企业合作，开辟了专题讲座、小型研讨、照明设计师沙龙、照明设计作品大赛等多种形式的学术交流活动。介绍新规范、新标准，研讨奥运场馆照明设计难点，推介绿色照明新技术、新产品，探求建筑师与照明设计师的关系，研讨照明设计软件等学术交流活动达40余次。其中，针对大功率LED性能、质量、寿命、应用、测量等方面热点问题，先后举办学术报告、技术研讨、交流会、推介会4次。

北京照明学会和中国照明学会联合举办"大功率LED论坛"（2008年5月12日《消费日报》报导）

2005年12月太阳能光伏照明装置技术研讨会

积极协助中国照明学会承办CIE第26届大会

CIE第26届大会于2007年在京召开，这是我国照明界的一件盛事。北京照明学会积极协助中国照明学会承办本次大会。

• 继2006年学会采用多种形式发动学会专家、学者积极为CIE大会撰写论文。

CIE第26届大会LOGO

• 2007年2月3日学会召开六届四次常务理事会，专题研究配合工作的具体事宜，决定出版《照明技术与管理》专刊，向国外代表介绍北京照明设计与应用。

• 邀请清华大学建筑设计研究院建筑师黄柯博士，为本次CIE大会设计了既具有国际背景又具有鲜明中国照明文化历史和北京特色的LOGO方案，用于CIE第26届大会各类会标及文件。

• 2007年7月4日，北京市市政管委、北京照明学会共同召开第26届CIE大会保障工作会议，夜景照明设施的业主、维护管理单位参加。会议确定在CIE大会会议期间北京市将按重大节日模式开灯；拟定代表参观体现北京夜景照明的路线；研究保证夜景照明设施正常运行，以及参观过程中的安全保障等具体措施。

CIE第26届大会论文集

• 2007年7月5～7日，组织学会的会员作志愿者在会场为参会的各国代表服务；学会理事长、副理事长、专委会主任共十余人为十辆夜景照明参观车上的各国代表作向导，讲解、介绍北京城市夜景照明所体现的我国首都北京的历史文化内涵，并回答代表的提问；每车还配有二名志愿者作英文翻译；为所有代表提供学会期刊《照明技术与管理》专刊。

《照明技术与管理》专刊，向出席CIE第26届大会的各国代表介绍北京城市夜景照明设计　　服务CIE第26届大会来宾参观北京夜景随车向导名单

创新服务，促进北京市城市照明科学发展

支持政府购买服务 创品牌服务项目

2005年8月26日，北京照明学会副理事长王大有与北京市市政管理委员会夜景照明处贾建平处长磋商：为适应政府机制改革要求，理顺学会为政府服务的职责和程序，自2005年起，学会对市管委的技术服务以政府购买服务的形式进行。并首签《2005年长安街夜景照明效果巡视检查服务协议》，对"长安街及其延长线夜景照明在平日、节日、重大节日时的照明效果"进行巡查，以照片、录像形式记录并整理，作为夜景照明设施运行管理质量的第三方评价资料。

2006年在2005年基础上增加了对"公益性夜景照明设施"在白天的检查，并按季度汇报简况，按年度提交图文分析报告及具体技术措施和建议。学会为此投入大量人力，仅2007年一年，就对公益性夜景照明设施检查36次，对长安街夜景照明效果巡视检查13次。

市市政管委照明处多次召开夜景照明专门会议，邀请学会王大有、王晓英等向运维单位的管理和技术人员报告夜景照明设施检查情况，并针对共性问题作重点分析、点评。

2011年还协助市市政管委完成"首都城市环境建设郊十区城市照明专项检查"工作。

首都夜景照明效果巡视检查专业服务一直坚持至今，已成为学会的品牌服务项目。

北京照明学会和市市政管委签订的长安街夜景照明效果巡视检查服务协议书

参与两会代表提案反馈

2006年2月20日应北京市市政管理委员会邀请，北京照明学会戴德慈、王大有、王晓英等照明专家七人，在该委会议室对"北京市十二届人大、十届政协会议代表提案"进行座谈，分析研究提案中关于对城市照明问题的质疑，并提出合理化建议。

年度座谈献计献策

2006年4月10日北京市市政管理委员会邀请北京照明学会组织专家50余人，召开北京城市照明专家座谈会。就奥运会前首都环境整治的重要组成部分——城市夜景照明建设广泛征求专家意见和建议。专家们明确表示，抓紧北京城市夜景照明的总体规划和标准编制是当前北京城市夜景照明建设科学发展上台阶的两件大事。此建议得到市市政管委的高度重视，并尽快实施。

2007~2013年市市政管委每年都召开大型专家座谈会，听取上年度北京夜景照明建设的意见和建议，并公布当年北京城市夜景照明重点建设项目。专家们结合实际工程建设项目各抒己见，提出了许多合理化建议。

积极配合夜景照明工程行政许可

夜景照明多出精品，已成为广大市民和市政府以及建设单位、设计单位的共识。而随着政府职能改革的深入，北京重要街、路的夜景照明工程建设被列入政府行政许可事项。

学会积极配合此项工作，2004年8月23日编制《北京市城市夜景照明工程行政许可技术审查要点》等技术文件，得到市市政管委的认可。

十多年来，依据该文件，学会大批专家参与了北京市城市夜景照明工程行政许可项目的技术评审工作，据不完全统计，共参与北京城市夜景照明工程行政许可审查百余项；根据市市政管委照明处委派，每次审核均由学会专人记录、整理专家意见，指导项目设计修改完善。

对重点夜景照明工程项目，则从概念设计、方案设计、现场试验到施工质量、安全检查、效果验收，进行了全程跟踪服务，将"多出精品"落到实处。

承担城市照明标准体系研究，做好照明标准顶层设计

《北京城市照明标准体系》的研究是北京市市政管理委员会主持的北京市科委项目"市政行业标准体系研究"的子课题项目。2005年8月13日戴德慈理事长主持召开该研究项目课题组成立和启动会议，课题组由戴德慈、贾建平、王大有、王晓英、赵建平、李丽、孙吉民、张宏鹏、徐华、荣浩磊、马龙、张秋燕等12人组成，王晓英负责汇总、编辑初稿。同年12月29日向市市政管委科技处报送项目成果，含"城市照明标准体系结构图和体系表""2006~2010年城市照明标准制定、修订规划"等。

2006年4月5日北京市科委和市市政管委组织该项目专家验收会，专家一致同意通过验收，并给予"该项目的研究成果填补了国内城市照明标准体系的空白，处于国内领先地位"的评价，为今后一个时期有序推进北京地方标准的编制奠定了科学基础。

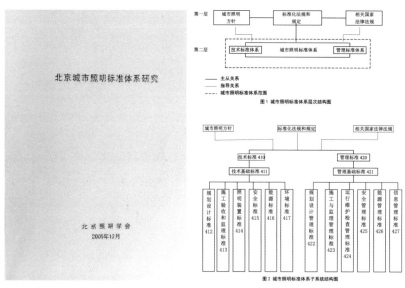

《北京城市照明标准体系》研究报告

编制《城市夜景照明技术规范》，指导北京城市夜景照明建设

- 2004年10月20日，学会向北京市市政管委提出《关于制定"北京市城市夜景照明技术规范"地方标准的建议》。建议在规范中明确规定北京城市夜景照明工程的各项技术要求，使夜景照明建设全过程工作有章可循，以保证夜景照明工程的质量和照明效果，确保北京市城市夜景照明工程安全、节能、环保。此建议得到北京市市政管理委员会的充分肯定。

2005年1月17日，学会向北京市市政管委提交"编制北京市地方标准《城市夜景照明技术规范》的申请报告"，并获正式立项。

- 2005年2月25日，戴德慈理事长主持召开《城市夜景照明技术规范》项目启动会。会议成立了由戴德慈、贾建平、王大有、赵建平、邴树奎、屈素辉、汪猛、李农、李铁楠、徐华、荣浩磊、王晓英、马龙等13人组成的编委会；由戴德慈为项目负责人，王大有为执笔人；讨论了"规范"的目次、章节、工作进度计划及分工等。市市政管委夜景照明处贾建平处长提出具体要求。

- 2005年5月17日，编委会对初稿进行逐条讨论、修改，会后将意见整理汇总形成送审稿。并按规定的要求和进度，于9月9日将送审稿及相关文件报送市市政管委科技处。

- 2006年4月18日，北京市质量技术监督局和北京市市政管委召开《城市夜景照明技术规范》送审稿专家审查会。专家一致同意送审稿通过审查，认为其内容丰富、全面，达到国内领先水平，对首都夜景照明建设具有重要的指导意义。会后课题组按北京市技术质量监督局最新要求将该标准改写为系列标准。

- 2006年11月3日，北京市质量技术监督局正式发布《城市夜景照明技术规范》DB11/T388-2006系列标准，共分为第1至第8部分，内容涵盖总则、设计要求、光污染限制、节能要求、安全要求、供配电与控制、施工与验收、运行、维护与管理。2007年2月1日起实施。

该规范是北京照明学会十多年来积极参与北京城市夜景照明建设集体智慧的积淀与结晶，成为今后一个时期指导北京城市夜景照明建设的重要法规文件。

《城市夜景照明技术规范》DB11/T388-2006　　　《城市夜景照明技术规范（送审稿）》审查会

建议并三审"北京中心城区景观照明总体规划"

2004年10月，学会在向北京市市政管委建议编制北京市《城市夜景照明技术规范》地方标准的同时，多次建议编制"北京城市景观照明总体规划"，得到市市政管委的认可和重视。

2006年7月13日，市市政管委邀请北京照明学会专家，对我会员单位——北京清华规划设计研究院承接的"北京中心城区景观照明专项规划"进行审议，专家从规划指导思想及原则、总体构架与层级、照明指标控制等方面对总体规划提出许多具体修改建议与意见。随后8月3日继续对修改稿进行第二次审议；9月18日进行了第三次审议，为使北京城市夜景照明专项规划体现国际大都市形象和北京城市特色贡献了集体智慧。该规划不仅是北京市景观照明的法规文件，在全国也具有示范作用。

 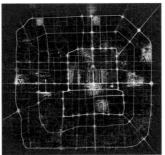 

北京中心城区景观照明专项规划

研讨、审查"北京城区中轴线景观照明详规设计"

2007年4月25日应北京市市政管委夜景照明处邀请，北京照明学会和北京古建研究所、北京规划局的十余名专家对清华大学建筑设计研究院编制的"北京城区中轴线景观照明详细规划"的中期成果进行研讨、交流。该规划是继"北京中心城区景观照明专项规划"后又一重要的北京城市景观照明专项规划。与会专家从多方面提出修改建议。2007年12月市市政管委会组织专家对该详规进行的设计审查会一致同意通过审查。

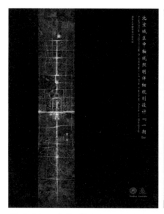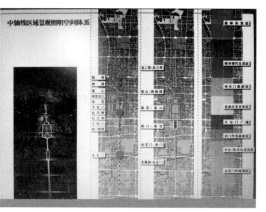

北京城区中轴线景观照明详细规划　　　　　　　　　　　　　　　　　　中轴线——天安门地区

面向需求，多项标准编制并行落地

· 北京市地方标准《太阳能光伏室外照明装置》编制项目，由名誉理事长吴初瑜提出，经2007年2月13日北京市科学技术委员会可持续发展中心召开的专家论证会论证，为配合北京市农委落实太阳能光伏照明在农村的应用，为建设社会主义新农村服务，同意该项目立项，并确定由北京照明学会牵头成立标准编制组。

项目启动会于2007年4月29日召开，根据北京市科委软科学处要求，本项目改为"北京市太阳能光伏照明系统的技术保障体系研究"软课题，成果包括"技术保障体系研究报告"和《太阳能光伏室外照明装置》地方标准两部分。会议确定由吴初瑜教授任课题组长，组员由来自太阳能、照明、电气控制、标准等方面的技术专家共15人组成，王大有协助组长汇总统稿、落实各项工作。课题组经多次调研、测试和研讨，于11月9日完成研究报告修改稿和标准送审稿，并于2008年1月15日通过专家审查会，专家一致认为，该标准填补了国内太阳能光伏室外照明装置技术标准的空白。对太阳能光伏室外照明装置在北京市乃至全国的推广应用、对建设新农村、保护环境等方面具有重要意义。

2008年3月28日北京市技术监督局批准、公布北京市地方标准《太阳能光伏室外照明装置技术要求》DB11/T542-2008，于2008年5月1日实施。

· 北京市地方标准《城市夜景照明维护与管理》编制项目，由学会承接，2006年12月18日在市市政管委召开启动会。会议确定编制组由戴德慈、王大有、贾建平、赵建平、邴树奎、王振生、张宏鹏、马龙、王晓英、张秋燕、姬国熙、金夫、赵峰、聂国、王杏林、刘卫中等16人组成。

2007年6月15日逐条讨论修改形成征求意见稿，同年9月1日形成送审稿，9月6日正式上报市政管委科技处。

· 北京市地方标准《照明器材节能要求》"第1部分室外投光灯具的节能要求"编制项目，由学会承接，2006年12月18日在市管委召开启动会。会议确定编制组由戴德慈、屈素辉、王大有、王晓英、张秋燕、张耀根、贾建平、马龙、刘卫中、徐光明、姚梦明、杨春龙、杨征、毛彩云等14人组成。

2007年1月13日，戴德慈、赵建平、林若慈、王晓英、杨征及相关企业代表在中国建筑设计研究院物理研究所召开"投光灯能效问题"研讨会，对"室外投光灯具的节能要求"相关技术问题的处理思路进行探讨。同年4月28日初稿经讨论修改形成征求意见稿，9月17日正式上报市市政管委科技处。

《太阳能光伏室外照明装置技术要求》DB11/T542-2008

《室外照明干扰光限制规范》DB11/T 731-2010

2007年《室外投光灯具的节能要求》编委会工作会

• 北京市地方标准《室外照明干扰光限制规范》于2007年11月15日在市管委召开启动会。会议确定该项目由赵建平负责，李铁楠执笔，编委有李铁楠、赵建平、贾建平、王大有、汪猛、李农、李德富、张保洲、杨征、马龙、王东明。2008年10月10日编制组逐条讨论修改形成送审稿，同年11月11日通过市市政管委科技处组织的专家验收会。

2010年4月1日，北京市质量技术监督局主持召开了该标准审查会。审查组认为，该标准在国内首次系统地提出了城市照明干扰光的分类、限值和评价、限制措施，对实施绿色照明、保护环境、保障城市居民的生活质量、促进照明科技进步具有重要作用，一致同意通过审查。

北京市质量技术监督局于2010年8月13日批准发布《室外照明干扰光限制规范》DB11/T 731-2010，并于同年12月1日实施。

为2008北京奥运会保驾护航

迎接2008北京奥运会，首都城市照明建设、场馆建设任务十分繁重。学会抓住机遇，开拓服务思路，探索服务方式，发挥专业优势，积极配合市市政管委，全力为2008北京奥运会保驾护航，并取得了丰硕成果。

• 2006年5月25日，学会戴德慈、王大有、邝树奎、荣浩磊等人应"北京市政府2008工程第二办公室"邀请，参加照明改造项目的招标文件技术指标咨询审议会，为技术文件积极把关。

• 2007年1月5～6日，学会办公室受市市政管委夜景照明处委托，对北京市的二、三、四环路，长安街及其延长线上的约130座过街桥照明现状进行现场调查，调查结果以书面报告形式送交市市政管委夜景照明处。

• 2007年3月6日，北京市市政管委邀请学会肖辉乾、詹庆旋、柳冠中、戴德慈等专家，在北京市路灯管理中心评议该中心拟定的"奥运中心区路灯规划设计方案"。

• 2007年4月6日，应北京市游泳中心的邀请，北京照明学会、团体会员单位北京海兰齐力照明设备安装工程有限公司和德国VS公司的十余人在北京友谊宾馆就"水立方"的外立面应用大功率LED进行景观照明的可行性及大功率LED照明技术进行深入座谈交流和研讨。

- 2007年11月17日，为2008年奥运期间构建和谐光环境，受北京市市政管委广告处委托，协助广告处进行北京市电子显示屏光电参数的调研工作。北京照明学会副理事长赵建平、王大有组织专人在建研院物理所的配合下根据显示屏所处位置、周围环境及需要开启的时间，参照国内外相关标准、规定、文件，对现场测试数据分析、研究后，指出北京市现有电子显示屏存在的亮度过高、光色变化速率过快、安装位置距交通干道过近等不合理现象，并提出具体的控制、限制要求和设置建议。

- 2008年1月22日，北京照明学会办公室常务理事会研究决定，为确保奥运期间北京市夜景照明设施正常运行和平安奥运，向北京市市政管委照明处提交了"关于开展城市夜景照明安全保障工作的建议"。建议在奥运前对北京市城市夜景照明工程，特别是长安街沿线和各奥运场馆周边工程，进行安全大检查，并提出检查内容、技术要求和具体检查方法。

此建议很快得到市市政管委的采纳，并下发《关于开展城市夜景照明设施安全检查工作的通知》（京政管发〔2008〕169号文件），学会积极配合落实此项工作。2008年5月16日在该委召开照明安全检查启动会议，贾建平处长对业主单位提出自检和配合检查的具体要求，戴德慈理事长讲解了检查的重点和技术要求。

会后与会人员对北京市市政管委大楼的夜景照明设施开始进行示范性安全检查。

2008年5月22～6月10日，学会组织设计、施工、质检等方面的专家组成三个检查组，在学会理事长戴德慈、秘书长王大有、副秘书长王晓英的带领下同时分别对长安街及其延长线、奥运中心区周边等重点区域、路段及重点夜景照明工程设施逐一进行全面安全检查。检查结果以业主报表、现场照片等形式汇总并经参加人员讨论后，向市市政管委照明处提交了安全检查报告，报告针对问题提出详细的改进意见和技术措施。

2008年北京城市夜景照明设施安全检查工作相关文件

夜景照明调研

- 2008年7月受北京市市政管委委托，在奥运会即将召开之前，组织专家针对"安全检查报告"中存在安全问题的重点地区、重点项目进行改进后的重点抽查；针对奥运周边及相关区域的新建重点夜景照明工程项目（奥运中心区及周边北辰桥、北辰东桥、北辰西桥、安慧桥、惠新西桥、林萃桥、奥林西桥、北辰东路桥、北苑桥、三元桥、四元桥等11座立交桥，颐和园、紫禁城三大殿、太庙、国子监和孔庙等古建园林，以及龙潭湖公园、国华热电厂烟囱等）的设施安装质量、照明效果以及安全运行的技术措施等进行了全面检查。

天安门、金水桥夜景照明调研

- 奥运期间，夜景照明设施运行维护的团体会员单位，每天设专人维护检查巡视，不离岗。各会员单位在奥运期间都认真各守其责，为奥运安全运行保驾护航。

- 2008年1~9月应"北京市政府2008工程办公室"的邀请，北京照明学会洪元颐、王素英、张文才、丁杰、戴德慈、肖辉乾等多名专家参加2008年北京奥运会电力保障工作，与专家组其他成员一起，对"鸟巢"、"水立方"等所有奥运场馆和奥运中心区的照明质量及电力系统的可靠性进行技术评估与咨询，解决技术难题，保障了照明与电力系统的安全运行，受到"北京市政府2008工程办公室"的表彰。

首届"青年工作委员会"成立

为落实市科协"促进青年科技成长计划"的精神，在2005年3月27日戴德慈理事长主持召开六届二次理事会上决定，由徐华牵头、张秋燕配合筹备成立青年工作委员会。

同年6月30日，在清华大学建筑设计研究院召开首届青年工作委员会成立大会。会议选举了以徐华为主任委员，李铁楠、宁华为副主任委员的青年工作委员会，由委员25人组成。确定了青年工作委员会的主要任务：采用多种形式发现、吸引更多的青年科技人员参加学会的各项活动；创造机会、鼓励成才、让青年科技工作者在为市政建设服务中发挥作用、锻炼成长；为学会培养年轻的接班人；向市科协推荐优秀青年科技工作者及优秀论文。

青年工作委员会经报市科协于2005年12月17日批复成立以来，开展了联谊、参观、照明节能与供配电系统新技术、新产品研讨、学会网站建设等一系列有特点的活动。

学会依托青年委员会，使学会网站于2007年5月份正式开通；按北京市科协的政策先后为参加国际学术会议的青年科技工作者荣浩磊、屈素辉、王磊、马晔、甘海勇、张伟、赵伟强等11人次申请了经费补贴；向市科协推荐了优秀青年论文，注重让青年更多地参加学会的各项活动，在实践中为学会培养新生力量和后备人才。

北京市民政局批复文件

青年工作委员会王磊主任（左1）、马晔博士（中）参加国际学术会议

照明设计专业委员会与时俱进积极开展活动，老中青届届相传

2003~2007年照明设计专业委员会活动一览表

时间	主要活动和成果
2003年7月24~25日	与中国照明学会咨询工作委员会联合编写的国家标准图册《特殊灯具安装》03D702-3在大连通过了审查会，10月底顺利出版
2003年9月28日	与威海凯迪帕沃开关有限公司联合举办关于"智能配电系统的新产品、新技术研讨会"，与会设计院代表80余人（在中国科技会堂）。 副理事长徐长生教授到会致辞，韩国KDPOWER公司社长朴琪朱先生、山东威海凯迪帕沃开关有限公司总经理李支柱先生到会并作了产品介绍。
2004年1月10日	与施工专业委员会在北京海捷公司新厂址联合举办年度联谊交流活动。来自各设计院、施工单位、监理公司和生产企业近70名委员参加。 设计专业委员会副主任徐华主持会议。副理事长兼秘书长王大有到会讲话，副理事长徐长生、设计专业委员会主任邴树奎、施工专业委员会主任张隆兴等总结了2003年两个委员会的工作及2004年的工作计划。
2004年6月16日	换届会议（在北京海捷公司召开），到会委员28人。 副主任李炳华主持会议，副理事长兼秘书长王大有等到会祝贺。第五届设计专委会主任邴树奎作工作报告；王大有宣布了第六届专委会组成；副主任王根有主持通过了专委会工作条例的修改。 第六届设计专业委员会主任徐华对近期编制图集工作作了布置。

续表

时间	主要活动和成果
2004年 9月5日	在清华大学建筑设计院与日本松下照明公司联合召开"照明技术研讨会",北京设计院所等50多人参加
2004年 9月22日	在清华大学建筑设计院与上海东升电子集团有限公司召开"灯与照明技术研讨会",中国照明学会副理事长章海聪教授作主题演讲,设计院所等60多人参加
2004年 10月23~24日	在北京运河苑与台湾凯美机电公司召开"电子镇流器与照明技术研讨会",设计院所等10余人参加
2004年 11月3日	在北京科技会堂与海捷电器设备有限公司召开"节电技术研讨会",设计院所等200多人参加
2004年度	完成出版的书刊: 《建筑电气设计实例图册》体育建筑篇(中国建筑工业出版社出版) 《建筑电气设计实例图册》消防篇 (中国建筑工业出版社出版) 《建筑电气设计实例图册》医院建筑篇(中国建筑工业出版社出版) 国家标准图集《特殊灯具安装》03D702-3
2005年 4月2日	组织国防系统13个设计院的建筑电气专家与美国艾默生(EMERSON)网络能源有限公司召开"UPS电源技术高级研讨会"
2005年 4月3日	组织国防系统13个设计院的建筑电气专家与飞利浦(PHILIPS)投资有限公司召开飞利浦"节能照明产品研讨会"
2005年 4月14日	"电气节能产品推广会"在中国科技会堂举行,北京海捷公司协办。来自设计院、施工企业及最终用户的人员近300人参加了会议
2006年	修编《照明设计手册》(第一版),12月完成《照明设计手册》第二版,并由中国电力出版社出版 11月30日与北京海捷电器设备有限公司在北京中国科技会堂举办"HXF型消防水泵自动巡检系统"及"施耐德有源电力滤波器"产品推介会,近300人参加了会议
2007年 2月9~10日	北京照明学会设计专业委员会、青年工作委员会联合召开"新年联谊会"。在北京药用植物园内御苑酒楼举行

2006年设计委员会、青年委员会考察企业

2013年第八届照明设计专业委员会合影

设计专业委员会老中青三届主任
——徐长生（中）、邴树奎（右）、徐华（左）

2017年4月照明设计专业委员会（第9届）合影

2018年照明设计专业委员会活动

2017年3月第八届咨询工作委员会换届合影

开发科普资源，拓展科普对象

开展科普活动是学会的社会职责，历届理事会十分重视并坚持不懈做了大量的工作。除每年积极参加市科协举办的科技周的科普宣传活动外，还着力开发科普资源，拓展科普对象。

编著科普读物《绿色照明200问》

2006年10月25日，北京照明学会和中国照明学会共同编写科普读物《绿色照明200问》项目启动。成立了由中国照明学会副理事长、北京照明学会理事长戴德慈和北京照明学会科普委员会主任汪猛为主编的编委会，特聘请肖辉乾、詹庆旋、王锦燧、吴初瑜、王谦甫、杨臣铸、刘玮等七位教授专家为顾问；编委成员有高飞、王大有、马剑、荣浩磊、马小庄、李铁楠、郝洛西、王晓英、林延东、杨大强、任红、李丽、罗涛、田燕、刘刚、朱晓莉。

会议研究确定了《绿色照明200问》各章的命题、编撰的基本要求、分工及编写进度等。经全体编委的辛苦工作和无私奉献，以及顾问们亲自为《绿色照明200问》审查把关，该读物于2008年10月正式出版，首印6000册，当年售罄，受到了广大读者的欢迎，同时解决了长期困扰学会的科普资源匮乏问题。

该读物是业内外公认的优秀科普读物。2012年获"中照照明教育与学术贡献一等奖"。

为区、县管委城市照明管理负责人、技术人员开展培训

2006年～2008年学会配合市市政管委，在大兴培训中心，相继举办了"城市夜景照明技术标准和行政许可法"、"城市夜景照明规划"培训班。戴德慈、王大有、李铁楠、汪猛、荣浩磊、徐华等分别就"行政许可的技术要求"、"城市夜景照明技术规范"技术条文的相关内容和"北京市夜景照明专项规划（控规）"、"北京中轴线、二环路夜景照明详规"等，向十八个区、县管委负责城市照明管理和设计、运维的管理及专业技术人员作详细讲解、宣贯。

科普读物《绿色照明200问》

讲课材料

《绿色照明200问》获奖证书

《绿色照明200问》汇审会

"城市夜景照明技术标准和行政许可法"培训班合影

"城市夜景照明规划"培训班合影

第四个十年　继承创新时期

2009-2019

学会第七次会员代表大会

2008年10月18日，北京照明学会在北京瑞成大酒店召开"北京照明学会第七次代表大会暨2008年奥运场馆照明设计学术交流会"，到会代表110人。市科协贺惠玲副主席、中国照明学会徐淮秘书长、北京市市政管理委员会贾建平处长到会并致贺辞。大会审议并通过了戴德慈理事长代表六届理事会所作的《开拓创新，和谐奋进，为我国照明事业的科学发展作出新贡献》的工作报告，以及赵建平副理事长和屈素辉副理事长分别作的《北京照明学会章程修改报告》和《北京照明学会第六届理事会财务工作报告》。受第二届监事会的委托，监事会监事汪茂火作《北京照明学会第二届监事会工作报告》。大会选举产生了由71名理事组成的第七届理事会和5名监事组成的第三届监事会。

北京照明学会第七次代表大会

七届一次理事会选举汪猛为理事长，王大有、邴树奎、赵建平、屈素辉、徐华、姚梦明、曹卫东为副理事长，王晓英为秘书长；并决定授予王时煦、吴初瑜、肖辉乾、戴德慈为名誉理事长。

三届一次监事会选举孔祥义为第三届监事会监事长。

大会特邀赵建平、武毅、邴树奎分别作了《室内光环境研究十一五课题简介》《柔道跆拳道馆光导管照明设计》和《抗震救灾后对照明设计的思考》等学术报告。

迎国庆60周年，助力北京城市夜景照明再出发

- 2009年1月20日，北京照明学会照明、规划、园林等多方面的专家20余人参加了北京市市政市容委召开的"提升北京城市照明水平 迎接国庆60周年"座谈会，专家们对如何提高北京城市照明技术水平、艺术效果和运行安全以及建设、管理等工作提出建设性意见。

2月16日北京照明学会向北京市市政市容管理委员会提交"国庆60周年改进北京城市照明的建议"。此建议综合近年巡查、调研城市照明的情况和照明学会专家意见，提出贯彻国家和地方标准及节能减排政策、宣传落实照明专项规划、加强对招标文件的技术要求部分的审查、加强行政许可审核的结果的落实和检查，以及持续改进重点工程夜景照明等若干具体改进建议。

国庆60周年前学会专家在天安门广场现场咨询

玉蜓桥夜景

- 5月14日，北京市市政管委和天安门管委采纳北京照明学会提出的关于"对天安门城楼的城台眩光、红墙照明效果进行照明改进"的建议。请学会肖辉乾、詹庆旋、王大有、赵建平、屈素辉、戴德慈等专家会同中国建筑设计研究院物理研究所、北京电光源研究所的技术人员对天安门城楼、红墙的照度，城台观礼位置及其左右区域内的照度、眩光等进行测试和评价，分析现状存在的问题、提出改进办法和措施。5月29日对三个照明公司提供的三个不同设计方案进行现场试验、照明效果对比和分析，提出采纳和改进建议。

学会专家在玉蜓桥现场进行夜景照明验收

- 8月~9月，学会受北京市市政管委的委托，组织专家历时一个月对天安门城楼、金水桥、观礼台、国旗杆、纪念碑等天安门地区的围合建筑；大望桥、马甸桥、紫竹桥、五棵松桥、玉泉营桥、刘家窑桥、玉蜓桥等立交桥、过街桥的新建夜景照明设施以及故宫角楼等，进行照明改建和新建工程的全面检查和照明效果验收。并对其他公益性夜景照明设施进行安全普查，重点检查涉及人身安全和影响正常

立交桥夜景照明交流会及论文集

运行的安全隐患。向市政市容委汇报检查结果并提出提高设施维护管理质量的措施建议，保证夜景照明设施在国庆期间无故障运行。

• 7月24日，学会环境艺术照明专业委员会在北京市总工会干部学院召开"立交桥夜景照明交流会"。会议由邴树奎副理事长主持，汪猛致开幕辞，北京市科协学会部徐欣副部长致贺辞，王大有致闭幕辞。会议总结了几年来北京立交桥夜景照明建设的经验与不足；就全面创新、提高北京市的立交桥夜景照明技术与艺术水平，确保安全节能和工程质量，提高维护水平等内容进行交流。会议编辑了7.6万字的《立交桥夜景照明交流会论文集》。

副理事长徐华（右一）陪同有关领导赴西藏拉萨调研

9月，学会副理事长徐华陪同北京市市政管委和天管会主管领导针对"天安门不如西藏布达拉宫亮"的疑问，赴西藏拉萨调研夜景照明，并测量布达拉宫建筑立面亮度。

建言北京城市照明发展永远在路上

• 2010年1月20日，北京市市政市容管理委员会召开"城市照明管理工作研讨会"，北京照明学会照明专家、天管委、路政局等有关单位参加。照明专家与行政管理部门共同对如何充分利用科技手段，完善照明技术规范、应用绿色节能新技术、建立沟通协调机制、提高服务能力，实现城市照明的科学长效管理等方面进行深入研究和探讨。

学会专家参加夜景照明工程试灯后合影

• 2010年6月26日，北京市市政市容管理委员会邀请北京照明学会多名照明专家，参加"2010年北京市重点景观照明工程设计方案专家优化会"。城市照明处许小荣处长主持会议。首先听取2010年北京市重点景观照明工程的设计方案汇报，专家从立意、视角、造型、颜色、整体效果、用电量、安全、易维护性等方面进行了质询，对照明设计方案提出优化改进意见。

• 2011年1月19日，北京市市政市容管理委员会召开城市照明节能工作研讨会。学会及相关专家二十余人参加会议，专家们按"人文北京、科技北京、绿色北京"的要求，从进一步提升城市照明的规划与设计，管理与建设、运行、维护和安全、节能等方面的水平出发，为"十二五"期间北京城市照明工作出谋划策，提出意见和建议。

• 2011年4月29日，应北京市市政市容管理委员会和天管会的邀请，北京照明学会以及园林、规划、古建的各方面专家十余人考察了天安门地区夜景照明现状，并就如何进一步提升天安门地区夜景照明效果，与两委负责同志进行了深入的座谈研讨。副理事长王大有将意见建议整理汇总，5月10日向市政市容委和天管委呈送《进一步提升天安门地区夜景照明效果的建议》。

- 2012年1月11日，北京市市政市容管理委员会在北京明都饭店召开城市照明专家座谈会，商讨北京城市照明在城市建设中应采取的节能措施以及如何更大地发挥城市照明在创建宜居城市，展示首都的历史、文化、现代大都市风貌的作用。北京照明学会理事长、副理事长等十余人参加会议并积极建言献策。

监测北京市交通干道上首次试用的LED路灯

2009年1月12日，北京照明学会针对北京市首次在北京的交通干道上（西城区辟才胡同大街）试用的LED路灯，向北京市市政市容委建议，展开"LED路灯照明效果和质量监测"。其目的是通过数据监测、专家评价和社会调查，验证LED路灯在交通干道上的照明质量、照明节能效果及社会舆情，以求真实、客观地反映LED路灯的应用效果和存在问题，为LED路灯的技术改进、推广应用提供科学依据。此建议很快得到北京市市政市容委的支持。

同年2月11日，学会赵建平、王大有、王晓英等与中国建筑设计研究院物理研究所科技人员在北京市西城区辟才胡同大街，开始对LED路灯进行为期一年的现场监测。2010年8月8日，学会将《辟才胡同道路应用LED灯具照明的阶段性监测报告》报送北京市市政市容管理委员会城市照明处。

关于LED路灯监测调研的建议

在西城区辟才胡同大街监测LED路灯照明效果

聚焦LED照明热点，各类学术研讨与交流蓬勃开展

- 北京照明学会与中国照明学会新能源照明委员会、气候组织等在北京市长之家共同主办"太阳能光伏照明LED技术与应用研讨会"，180余人参加会议，就行业发展、环境、市场趋势、政策导向、应用和技术难点等进行研讨、交流，并编辑《太阳能光伏照明LED技术与应用研讨会论文集》。

- 2010年10月23日,北京照明学会在北京市工会干部学院召开了"LED照明学术研讨会",副理事长赵建平主持会议,理事长汪猛致开幕辞。

- 会议是在我国建设节约型社会的大背景下,以节能减排、照明节能为主题,深入探讨、交流与展示LED照明新技术、新方法、新产品、新发展的重要会议,旨在促进LED照明产品的推广应用。肖辉乾、任元会、屈素辉、赵建平、李铁楠、姚梦明、刘慧以及乐雷、勤上、广茂达等公司就我国照明能耗现状及节能策略、LED照明产品的标准与检测、室内外应用等内容作专题报告。140余人参加会议,研讨会编辑了《LED照明学术研讨会论文集》。

LED照明学术会议

- 2012年10月19日,北京照明学会召开"LED在室内照明应用学术论坛",论坛由北京照明学会青年工作委员会策划并承办。学会会员、顾问,各设计院、照明工程公司代表等约120人参加会议。与会人员就LED在商业照明中的应用问题进行了详尽的探讨和交流。

汪猛理事长致辞

- 2014年7月22日，北京照明学会设计专业委员会召开"LED照明应用问题研讨会"。100余人参会。会议结合新版照明设计标准（GB 50034）对LED照明产品提出的技术指标和设计要求，以及设计应用时计算和选型等方面存在的问题进行了研讨、交流。

- 2014年12月23日，北京照明学会环艺委员会召开了"北京市灯光艺术与公共艺术结合发展的研讨"的学术交流会。80余人参会。会议就如何使灯光对载体进行强化、演绎、裁剪和改造，如何结合现代科技与工艺对北京历史文化呈现与再造进行了交流研讨。

LED照明学术研讨会

城市道路及车库LED照明应用论坛

- 2011年10月13~14日，北京照明学会与中国照明学会咨询工作委员会联合举办"LED室内照明应用研讨会暨照明设计师交流中心第一届年会"。北京照明学会理事、顾问及会员，照明设计师交流中心第一届委员（包括香港、台湾等地），以及来自企业的代表270余人出席会议。北京照明学会副理事长、设计师交流中心主任徐华主持研讨会，汪猛理事长致开幕辞。会议编辑了《LED在室内照明中的应用》的论文集和报告文集。

2011年LED室内照明技术研讨会暨照明设计师交流中心第一届年会

- 2013年11月14日，北京照明学会、中国照明学会咨询工作委员会、照明设计师交流中心第三届年会成功召开。本地代表及外地代表400余人参会。会议主题为"LED新光源、新灯具的选择与照明设计水平、节能效果的提高"。11月15日，北京照明学会副理事长、照明设计师交流中心主任徐华主持"城市道路及车库LED照明应用"论坛，就节能产品选择，照明节能设计，控制方式选择，如何降低功率密度值等焦点、热点、难点问题展开深入研讨。

- 2015年11月12～13日，北京照明学会计量测试专业委员会召开"LED测量技术研讨会"。70余人参会。会议面向LED，就光学技术的最新进展、紫外指标、照度计量、光谱辐射计量、光辐射安全、植物光合有效辐射等进行了学术报告和交流。

- 2016年10月31日，北京照明学会科普工作委员会召开"LED灯具可靠性试验方法交流会"。150余人参会。会议针对《LED灯具可靠性试验方法（报批稿）》进行详细解读，让参会者了解到LED灯具检测标准的最新要求和LED灯具可靠性试验的内容和方法，以利在照明设计中选择符合标准要求的产品，为企业制造的LED产品质量提供标准支持。

计量测试专业委员会召开LED测量技术研讨会和培训班

为人民大会堂应用LED照明提供专家咨询

人民大会堂应用LED照明具有特殊的示范作用，学会专家应人民大会堂管理局的邀请，多次参加技术论证、现场测试、评估咨询。

- 2011年1月26日，北京照明学会副理事长邝树奎、赵建平、王大有等应人民大会堂管理局邀请，在考察现场后，对"万人礼堂舞台应用LED舞台投光灯的可行性"进行技术论证。

2月28日对万人礼堂舞台应用LED舞台投光灯后的照明效果，进行现场考察、测试、研讨和评估。

- 2011年6月17日，人民大会堂管理局邀请学会名誉理事长戴德慈、副理事长邝树奎、赵建平、王大有和中国照明电器协会理事长陈燕生，对万人礼堂的"满天星"照明改用LED灯的改造方案进行可行性论证。

- 2012年8月29日，学会名誉理事长肖辉乾、副理事长邝树奎应人民大会堂管理局的邀请，对大会堂人大常委会会议厅的照明环境、照明现状进行现场考察和测试，针对会议厅水平照度符合并高于国家标准要求的情况下，仍有"会议厅照明暗"的反映，分析了主客观原因，并提出相应的改进方法和措施。

- 2013年12月26日，学会副理事长邴树奎、王大有和闫慧君应人民大会堂管理局邀请，与中国建筑科学研究院设计人员以及大会堂的技术管理人员共同对"大会堂东大厅应用LED灯进行照明改造的可行性"进行现场调研和专家论证。

人民大会堂万人礼堂"满天星"照明应用LED

学会专家在人民大会堂考察

学会专家在人民大会堂进行LED照明改造咨询

及时修编标准规范

- 为适应照明及电气技术的新发展，学会提出对《城市夜景照明技术规范 第5部分：安全要求》《城市夜景照明技术规范 第7部分：施工与验收》和《城市夜景照明技术规范 第8部分：运行、维护与管理》三个地方标准进行修订，立项专家审查会于2008年8月25日在北京市市政管理委员会召开。与会专家一致同意三个地方标准修订的立项。会议确定上述三个标准的修订工作分别由徐华、张宏鹏及周卫新负责。

《城市夜景照明技术规范 第5部分：安全要求》修订版初稿，于2008年10月10日编制组工作会逐条讨论修改，形成送审稿；主要编制人员有邴树奎、徐华、戴德慈、贾建平、王谦甫、李陆峰、闫慧军、王晓英、张青虎、张宏鹏、郭利平、马龙、熊玮、张秋燕、马岩等。

《城市夜景照明技术规范》第5、7、8部分（2017版）单行本

北京市地方标准
《城市景观照明技术规范》DB11/T 388.1-8

《城市夜景照明技术规范 第7部分：施工与验收》修订版初稿，经同年11月22日编制组工作会讨论修改，并于2009年1月11日和11月25日两次召开讨论会，请北京市技术监督局、北京市市政管委等主管部门领导到会指导，逐条讨论修改形成送审稿；主要编制人员有张宏鹏、周卫新、王振生、周文辉、王大有、邴树奎、王晓英、郑爱民等。

《城市夜景照明技术规范 第8部分：运行、维护与管理》于2008年11月11日通过市市政管委审查验收，形成送审稿；主要编制人员有戴德慈、王大有、贾建平、赵建平、邴树奎、王振生、张宏鹏、马龙、王晓英、张秋燕、姬国熙、金夫、赵峰、聂国、王杏林、刘卫中。

- 2010年3月31日，北京市质量技术监督局召开上述三个北京市地方标准的修订审查会。

审查委员会认为："规范"的修订符合要求，修订及时，依据充分，数据准确可靠，章节构成合理，层次清晰，可实施性强；"规范"具有一定的创新性和前瞻性，填补了城市夜景照明安全、维护管理专项规范的空白，达到国内先进水平。

审查委员会一致同意修订的三部分通过审查。报北京市质量技术监督局批准发布。

- 2013年11月27日，北京市市政市容管理委员会召开"《城市夜景照明技术规范》1、2、3、4、6部分的地标修订"立项专家论证会。科信处、城市照明处、广告处相关领导参加会议。专家组听取了课题组王大有、张宏鹏、周卫新、王磊等所作汇报，一致同意标准修订立项。

后根据市市政管委要求将《城市夜景照明技术规范》的1～8部分合并，更名为《城市景观照明技术规范》。项目组先后于2014年4月29日、2014年6月26日在北京电光源研究所对《城市景观照明技术规范》DB11/T 388.1-8系列标准进行讨论，修订后报批。该系列标准由北京市质量技术监督局2015年7月8日发布。

- 国家标准《室外照明干扰光限制规范》GB/T 35626-2017的编制由北京照明学会提出，北京市市政市容管理委员会申报，国家标准化管理委员会2015年4月30日批准立项，立项计划号为：20150520-T-469。

2016年1月15日召开项目启动会暨第一次工作会议，会议讨论了该规范的大纲、结构和工作进度及分工，确定由李铁楠执笔。2016年11月21日标准审查通过。由中华人民共和国国家质量监督检验检疫总局、中国国家标准化管理委员会2017年12月29日发布。

该标准获得2018年"中照照明教育与学术贡献一等奖"。

国家标准《室外照明干扰光限制规范》GB/T 35626编制组及审查人员

国家标准《室外照明干扰光限制规范》GB/T 35626-2017

国家标准《室外照明干扰光限制规范》启动会

承接北京《城市照明节能要求》研究课题

2011年7月5日，北京市市管委对北京照明学会提出的《城市照明节能要求》课题的立项进行专家论证。会议由该委科技信息处刘建平副处长主持。学会王大有作课题汇报。专家一致认为该课题是节能减排的重要项目，具有必要性和现实性，同意立项。

同年11月10日，项目组在市管委召开课题中期汇报会。会议由汪猛理事长主持，路灯中心和企业代表参会。与会人员肯定了项目的研究报告和《城市照明节能要求》初稿研究成果，提出修改意见。

2012年3月8日，汪猛理事长代表课题组向市管委城市照明处、科信处作《城市照明节能要求》研究课题的终期汇报。城市照明处许小荣处长和科信处汪央审阅了资料，认为项目达到了合同书的要求，可以申报验收。

2012年4月25日，市管委召开《城市照明节能要求》课题专家验收会。秘书长王晓英代表项目组作汇报。经专家组审议，一致认为该项目达到了合同书的要求，符合北京市城市照明节能工作需求，项目成果《城市照明节能要求》能够指导北京市城市照明在管理、设计、建设、运行和维护等全过程节能工作的管理和考核，一致同意该项目通过验收。

拓展编制户外广告相关标准

- 2010年8月26日，北京市市政市容管理委员会召开户外广告标准立项审查会。北京照明学会应广告处要求共同承担的《户外广告和牌匾标识电气系统安全要求》《户外广告设施防雷技术规范》《户外广告和牌匾标识电气设施施工与验收》和《户外广告和牌匾标识电气设施管理与维护》四个标准编制项目通过专家审查，同意立项。四个项目的负责人分别为徐华（前两项）、周卫新和汪猛。

- 2010年12月22~23日，上述四项户外广告地方标准的编委会在京召开工作会。广告处贾建平处长和季扬，科技信息处刘建平副处长和顾云龙参加会议，并对四项标准的编制程序、内容、进度和质量等提出要求。

22日，学会秘书长王晓英主持《户外广告和牌匾标识电气系统安全要求》和《户外广告设施防雷技术规范》两个项目初稿的逐条讨论。

23日，学会理事长汪猛主持《户外广告和牌匾标识电气设施施工与验收》和《户外广告和牌匾标识电气设施管理与维护》两个项目初稿的逐条讨论。

- 2011年4月15日及4月19日，编制组在京召开户外广告上述四个标准的征求意见稿讨论会，会议分别由汪猛理事长和王晓英秘书长主持。会议逐条讨论修改形成正式征求意见稿。

- 2011年4月27日在市政市容委，由委科信处主持召开专家验收会。专家组听取了上述四个项目组的汇报，审阅了项目组提交的验收资料，经质询、答疑和讨论，一致同意四个项目通过验收。

- 2011年7月12日，根据北京市质量技术监督局要求，北京市市政市容委科信处组织广告标准汇总讨论会。将由北京照明学会编制的有关

北京市地方标准《户外广告设施技术规范》DB11/T 243-2014

广告的四个标准和由中国铁道科学研究院铁道科学技术研究发展中心编制的有关广告的两个标准合并为一个版本，作为对《户外广告牌技术规范》DB11/T 243-2004的修订。之后，两个承担单位按照要求联合工作，完成了修订任务。

- 2014年2月26日，北京市质量技术监督局发布《户外广告设施技术规范》DB11/T 243-2014。

《户外广告设施技术规范》编制组工作照

学会第八次会员代表大会

2012年10月21日，北京照明学会第八次代表大会在北京电光源研究所召开，到会代表120人。大会听取并通过了汪猛理事长所作《第七届理事会工作报告》，王大有、屈素辉副理事长分别作的《章程修改报告》和《学会财务报告》，以及汪茂火监事作的《第三届监事会工作报告》；大会选举产生由75名理事组成的第八届理事会和由3名监事组成的第四届监事会。

八届一次理事会选举产生25人组成的常务理事会；华树明为理事长；王大有、邝树奎、赵建平、徐华、姚赤彪、张宏鹏、姚梦明、曹卫东、庄申安、梁毅为副理事长；王晓英为秘书长。决定授予王时煦、吴初瑜、肖辉乾、戴德慈四人为名誉理事长。

四届一次监事会选举汪茂火为监事长。

参加北京照明学会第八次代表大会的全体代表合影

科学引领照明节能，连续7年协助北京市发改委推广应用LED照明

在全国推广LED照明的大背景下，学会积极拓展服务领域。2012年10月8日，戴德慈、王晓英、张梅参加了北京市发改委在北京市节能中心召开的"2012年北京市推广应用LED照明产品"项目启动会。从此，北京照明学会连续7年协助北京市发改委推广应用LED照明，为北京市科学推广应用LED照明产品，助力照明节能发挥了不可或缺的作用。

- 受发改委委托，学会承担了"北京市普通照明用LED产品推广应用调研"课题研究项目。项目组由戴德慈、王晓英、王大有、邴树奎、徐华、张梅、张秋燕、姜丽娜等组成。

2012年10月～2013年4月，按市发改委要求先后分三批，在北京市宾馆饭店、商场超市、工业企业及公园等领域，采用发放调查问卷、实地勘察、座谈等方式对各领域照明现状、LED应用需求和存在问题进行了深入的调研。

2013年7月向北京市发改委提交《北京市普通照明用LED产品推广应用调研报告》，2014年11月2日市发改委组织了课题结题验收会，戴德慈代表课题组向与会专家汇报了课题成果，与会专家认为调研报告内容全面，数据翔实，对北京市推广LED的可行性进行了充分的论证，对推广应用LED照明产品应采取的措施与建议具有重要的指导作用，一致同意通过验收。

《北京市普通照明用LED产品推广应用调研报告》（2013年）

学会专家深入商场超市进行普通照明用LED产品推广应用调研

- 对北京市开展的LED高效照明产品推广应用工作给予全过程技术支持。

学会配合北京市发改委2012、2013、2014年度LED高效照明产品的推广应用工作，派专家先后与市旅游委、市商委、市经委和市公园管理中心对接，从项目申报、照明光源和灯具的替换策划设计、产品招标评标、工程施工、项目验收等各环节，给予具体的技术指导，进行了大量的工作。

- 创新编制《普通照明用直管形LED灯技术要求》《智能LED路灯系统技术要求》和《智能LED射灯技术要求》。

在LED灯具尚无国家标准可循的情况下，为保障LED照明产品在北京市的顺利推广和应用，确保工程质量，受市发改委和市环保节能中心委托，学会于2013年、2014年、2017年先后编制了《普通照明用直管形LED灯技术要求》《智能LED路灯系统技术要求》《智能LED射灯技术要求》三个技术要求。各项课题均通过了委托方组织的专家验收，在北京市推广工作中予以实施。

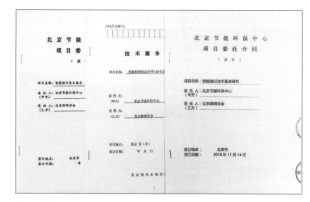

有关智能LED照明的技术服务合同

学会编制的关于LED灯的技术要求

坚持技术交流，引领建筑电气施工技术创新

北京照明学会建筑照明施工专业委员会自1989年成立以来，在历届主任、副主任委员的带领下，想一线技术人员之所想，从解决建筑工程施工关键技术问题出发，采取各种形式积极组织活动，几十年如一日坚持科技交流，在建筑电气施工单位具有很强的凝聚力和引领作用，会员队伍不断壮大，是北京照明学会中会员人数最多的专委会。

近十年来，在专委会张宏鹏主任、萧宏主任、郑爱民副主任、曹雪菲秘书长等的带领下，开展了一系列交流活动，并在活动的基础上，将多年积淀的丰富的施工技术成果，结合不断拓展的新的施工技术，编制了《建筑电气工程施工资料管理规程》《建筑电气工程施工资料编制指南及填写范例》等出版物。

建筑照明施工专业委员会学术交流活动一览表

日期	学术交流内容	备注
2009年4月25日	张宏鹏作《国家优秀工程检查中存在的质量问题分析探讨》；《建筑安装电气专业相关技术发展、新标准、新规范等信息交流》	100余名会员参会
2010年5月15日	寇捷高工宣讲2009年新版北京市地方标准《建筑工程资料管理规程》，详细讲解需注意的问题，并现场答疑；张宏鹏主任作总结	100余名会员参会
2010年7月23日	"长城杯"工程电气技术研讨会：陈茂高工作"北京市建筑长城杯电气工程检查质量分析及正确做法"专题报告	100余名一线工程电气技术人员参会
2010年12月18~19日	刘文山高工作《地铁隧道的施工安全》报告、李建海厂长作《供电系统电源污染对策》报告，并与代表对在地下施工中应注意的安全问题以及工程中遇到的电源污染等问题、所应采取的措施和方法进行交流探讨	100余名建筑电气技术、管理人员参会
2011年4月3日	王振生高工作新国标《1kV以下配线工程施工与验收规范》的宣讲，并与会员进行了现场交流；张宏鹏主任作工作报告	150余名会员参会
2011年11月12日	针对工程一线技术人员、会员的实际需求，讲解、宣贯华北标办新标准图集、《建筑电气照明装置施工与验收规范》，并作现场互动答疑	150余名电气专业人员参会
2013年3月13日	换届会议：经评议和推选，全体委员一致选举出北京照明学会第八届建筑照明施工专业委员会委员19名：主任为萧宏，副主任为吴月华、周卫新，秘书长为曹雪菲，副秘书长为赵刚	张宏鹏主持
2013年4月20日	召开"城市地铁工程电气施工质量和安全专题研讨会"	100余名会员参加
2013年9月8日	举办《照明施工标准及相关技术》的培训班	各企事业单位的70余位一线技术人员参加培训
2014年4月19日	"'长城杯'电气工程多发、疑难质量问题"主题报告	100余名会员参加
2014年11月29日	"供电系统电源污染对策"研讨会：会议分析研讨供电系统污染形成照明产品的谐波、功率因数等对供电电源质量的影响，提供解决方案、对策，进行了交流	100余人参加了会议
2015年5月9日	《建设工程施工现场供用电安全规范》GB 50194-2014宣贯：教授级高工周卫新以科学严谨的态度对规范中的内容作了详细的技术讲解	120余人参加了会议
2015年9月16日	建筑电气专家刘文山高工进行《建筑工程"竣工长城杯"电气工程创优要点》讲解、交流与答疑互动	行业协会代表、专委会会员和电气专业技术人员近500人参会
2016年5月12日	张大鲁教授作《国家优质工程建筑电气工程创优要点讲解》，会议就建筑电气施工创优进行研讨，服务会员，促进电气施工质量，以提升在创优工程中的亮点，提高评优的砝码，推动北京地区建筑电气工程创优	各行业协会代表、专委会在京委员、会员和电气专业技术人员共计350余人出席
2017年4月26日	2017年建筑照明施工专业委员会年会暨学术研讨会：会议以"专业领先、学术创见、追求卓越、智造未来"为宗旨；中国航空工业规划设计研究院电气总工丁杰作《建筑物防雷设施安装》（15D501）、《等电位连接安装》（15D502）及《利用建筑物金属体做防雷接地装置安装》（15D503）的要点解读；北京市建筑业联合会设备安装分会主任严建介绍建筑工程材料设备编码体系及数据库建设的有关情况；GB 50303-2015等规范标准主要起草人之一任长宁介绍建筑电气工程装置检测技术要点及其测试项目；会议还研讨了建筑电气施工中遇到的问题	来自设计、施工、监理、生产企业等单位400余名代表参加

续表

日期	学术交流内容	备注
2018年4月25日	2018建筑照明施工专业委员会年会暨学术研讨会 学会理事长徐华、秘书长王政涛、建筑照明施工专业委员会创始人之一周文辉等行业专家、领导出席本次会议。 住建部建筑电气标准化委员会秘书长孙兰作《建筑物防雷接地技术要点解读》报告； 萧宏主任作《电气火灾安全防范科学技术》报告； 王振生、张大鲁、周卫新、萧宏、颜勇五位专家进行了建筑电气工程设计、施工技术现场答疑	400余名会员参会

建筑照明施工专业委员会开展的技术交流活动

建筑照明施工专业委员会开展的技术交流活动（续）

轻松活跃的学术氛围，极具特色的学术研讨

学会青年工作委员会凝聚了北京照明科技界一大批青年科技骨干。自2005年成立以来，坚持结合青年科技人员特点，用有特色高起点的学术研讨，轻松活跃的学术氛围，吸引了照明界的优秀青年科技人才，多次受到北京市科协的表彰。主要交流活动如下。

青年工作委员会学术交流活动一览表

日期	学术交流内容	备注
2006年4月15日	**新产品技术推广座谈会** 就照明节能供电系统的新技术和新产品进行了研讨	60余人参会
2009年8月8日	**换届会议** 副主任委员郭利平主持，徐华主任作工作报告，会议一致通过第一届的工作报告和新一届委员会工作条例；选举了由25名青年科技工作者组成的新一届委员会；王磊当选第二届青年委员会主任，郭利平、朱红、李丽为副主任。 学术交流：王磊"南极科学考察站与绿色照明"报告，会议就应急照明的控制、节能、可靠性等问题进行了交流、研讨。	第二届青年工作委员会换届改选暨学术交流会
2010年11月27日	**"智能应急照明疏散系统研讨会"交流报告** 王磊作《智能应急照明疏散系统设计中的问题与探讨》报告； 张燕杰（北京建筑科学研究院建筑防火研究所）作《电气火灾随动报警系统》报告； 刘凯（北京海博智恒电气防火科技公司）作《消防应急照明和疏散指示系统》报告	参会人员就智能应急照明疏散系统设计、应用中的技术问题进行讨论、交流
2011年9月10日	**"医疗建筑照明及电气设计研讨会"交流报告** 王磊作《台湾与大陆医疗建筑电气设计之比较》报告； 戴德慈作《〈医疗建筑电气设计规范〉编制简介》报告； 施耐德电气（中国）投资有限公司作《医疗建筑电源质量分析与相关电气设计》报告	与设计专业委员会共同举办
2012年10月19日	**LED在室内照明应用学术论坛** 与会人员就LED在商业照明中的应用问题进行了详尽的探讨和交流	会员、顾问、各设计院、照明设计及工程公司代表等约120人参会
2013年6月15日	**换届会议** 会议由王磊主任主持，通过了上一届的工作报告和工作条例；选举了由41名青年科技工作者组成第三届青年工作委员会；王磊连任主任，朱红、郭利平、李莉为副主任。 学术交流：刘皓挺作《航空航天和LED光源的关系简介》的报告； 刘倩（国家电光源质量监督检验中心（北京））作《国际国内LED的相关标准与检测》的报告	专委会委员及科研机构、设计院所、照明工程公司60余人参会
2014年9月14日	**"天然光与人工光在建筑中的结合"研讨会** 针对建筑照明设计中的一些实际问题，例如采取何种手段引入适当的天然光、如何防止天然光眩光、如何控制补充的人工光、微电网系统应用等进行交流和研讨	在清华大学召开，专委会委员及高校、设计院所50余人参会
2014年12月21日	**"'暗'对照明设计的启示"研讨会** 报告：荣浩磊《用光创造价值》；张昕《文物照明设计中保护与观赏的平衡》；爱瑟菲《照明控制与调光技术的应用》	在清华大学召开，专委会委员及照明公司、设计院所50余人参会
2015年11月18日	**智能照明控制技术应用研讨会** 报告：刘皓挺《基于照明成像分析的智能照明评估与控制技术》； 王磊《大功率LED灯启动特性的研究》； 施特朗公司《照明控制传感器技术应用》	在清华大学召开，专委会委员及高校、设计院所50余人参会
2016年9月3日	**"LED在博物馆照明中应用"研讨会** 报告：张昕副教授《博物馆的照明与保护》； 王书晓高工《博物馆的照明技术进展》； 李丽高工《LED在博物馆美术馆应用现状与前景研究》	在清华大学召开，专委会委员及科研机构、设计院所50余人参会
2017年4月22日	**换届会议** 会议由王磊主任主持，通过了上一届的工作报告和工作条例；选举了由41名青年科技工作者组成第四届青年工作委员会；李丽任主任，郭利平、李莉为副主任。 技术报告：晶日程世友总经理介绍《智慧灯杆的研发与应用》； 清控光电院杨堃所长进行《城市景观照明的设计案例分享》	专委会委员及科研机构、设计院所、照明工程公司60余人参会

工作委员会开展多种形式学术交流活动

照明科普续写新篇章

- 由北京照明学会与中国照明学会共同主编的《绿色照明200问》第二版，于2015年1月正式出版。该版在2008版的基础上，根据新一代光源LED发展的新形势、新需求，及时进行了修编。北京照明学会理事长华树明和中国照明学会副理事长、科普工作委员会主任王立雄任主编，高飞、戴德慈任副主编，北京照明学会王磊、王大有、王晓英、李铁楠、林延东、罗涛、姜晓梅、朱晓莉等参加了修编工作，詹庆旋、林若慈教授为顾问。

- 2017年6月7日，由中国照明学会、北京照明学会、中国传媒大学、北京清控人居光电研究院携手共建的北京照明学会科普教育基地在北京清控人居光电研究院有限公司办公楼新址揭牌。该基地是在2012年5月23日落成的"中国照明学会照明科普教育基地"（位于北京昌平清华规划设计研究院科研基地内，由中国照明学会主办、清华规划设计研究院承建、国内外20余家照明企业赞助新建）的基础上迁址扩建而成。

《绿色照明200问》（第二版）

北京照明学会科普教育基地

北京照明学会科普教育基地揭牌仪式

学会第九次会员代表大会

北京照明学会于2016年10月29日在北京点光源研究所召开"北京照明学会第九次代表大会暨2016年照明设计学术交流会"，到会代表127人。中国照明学会理事长邴树奎到会祝贺。大会审议并通过了华树明理事长代表八届理事会作的工作报告，以及王晓英秘书长和办公室主任张秋燕分别作的《北京照明学会章程修改报告》和《北京照明学会第八届理事会财务工作报告》。受第四届监事会的委托，监事会监事长汪茂火作《北京照明学会第四届监事会工作报告》。大会选举产生了由54名理事组成的第九届理事会和由3名监事组成的第五届监事会。

九届一次理事会选举18人组成常务理事会；选举徐华为理事长，曹卫东、常志刚、华树明、梁毅、萧宏、姚梦明、姚赤飙、赵建平、庄申安为副理事长，王政涛为秘书长。

五届一次监事会选举张宏鹏为第五届监事会监事长。

大会特邀副秘书长荣浩磊作了《城市照明规划》专题学术报告。

同年12月7日，常务理事会通过增补荣浩磊为副理事长。

北京照明学会第九次代表大会全体代表合影

第八届理事长华树明作工作报告

汪茂火监事长作监事会工作报告

新当选第九届理事长徐华致辞

第九届秘书长王政涛颁发聘书

代表举手表决通过四个报告

新老监事长张宏鹏、汪茂火合影

学会LOGO诞生

2017年初,理事长徐华和秘书长王政涛委托常务理事牟宏毅发挥环境艺术委员会和中央美术学院的优势,综合借鉴2005年以来的设计方案成果,重新设计北京照明学会的新LOGO,并于2017年5月16日正式发布。

新LOGO构图选取世界文化遗产——天坛为主元素,结合现代绿色低碳节能理念,以太阳升起和灯光照射的效果,加上北京照明学会中文及英文缩写IESB,表现了拥有悠久历史文化、致力于绿色照明科技发展、蒸蒸日上的北京照明学会。

北京照明学会LOGO

举办《照明设计手册》(第三版)首发式

2017年4月14日,由北京照明学会、中国电力出版社有限公司主办,北京新时空照明工程有限公司、豪尔赛科技集团股份有限公司、电气工程师合作组织三家单位协办,赛尔传媒承办的《照明设计手册》(第三版)新书首发式在北京新疆大厦召开。《照明设计手册》(第三版)副主编任元会主持。该书由北京照明学会照明设计专业委员会组织编写,得到中国照明学会、北京照明学会领导和多位知名专家的参与或指导。

中国照明学会理事长、《照明设计手册》第三版编委会主任邴树奎;主办单位北京照明学会秘书长王政涛,中国电力出版社总编辑刘广峰;北京电气设计情报网理事长、中国勘察设计协会建筑电气工程设计分会副会长王勇、中国建筑学会建筑电气分会秘书长王晔、中国勘察设计协会工程智能设计分会副会长郭晓岩、全国勘察设计注册工程师电气专业管理委员会秘书长郝士杰、照明设计师代表牟宏毅等先后致辞。

北京照明学会理事长、《照明设计手册》(第三版)主编徐华向大家介绍新书主要内容。并启动首发赠书仪式,向参加新书首发式的约120位特邀嘉宾赠送《照明设计手册》(第三版)。

《照明设计手册》(第三版)

《照明设计手册》(第三版)首发式合影

灯光秀的学术研讨与实践

环境艺术照明专业委员会走进中央美术学院

2017年6月1日晚，为迎接中央美术学院百年校庆，北京照明学会环境艺术照明专委会主任、中央美术学院建筑学院副院长常志刚教授带领学会环境艺术照明专委会成员及建筑学院师生，发起并完成了"2017中央美院毕业季本科生毕业作品展"开幕式灯光秀演出。

本次灯光秀采用目前世界领先的MA2控台技术，实时动态控制数十台电脑光束灯、染色灯、图案灯等，以光作画，在呈现光线之美的同时，搭建了校园建筑、景观与师生的情感交流平台。北京照明学会环境艺术照明专业委员会借此机会，向美院师生、各界艺术家与设计师展现并与之探讨了环境照明更大的发展空间与更多跨界融合的可能性，推广并拓展了各界设计师与艺术家的协同创新。

常志刚副理事长在灯光秀安装现场

灯光秀现场

"城市公共空间灯光秀"技术交流会

2017年11月30日，中国照明学会应用创新中心(筹)、北京照明学会科普工作委员会和青年工作委员会及北京市城市照明协会共同主办，北京清控人居光电研究院、北京同衡照明设计院承办召开了"城市公共空间灯光秀"技术交流会。

中国照明学会秘书长窦林平，北京照明学会秘书长王政涛，天津市照明学会常务副理事长、秘书长何秉云，深圳市城市照明学会秘书长戈金星，清华大学美术学院教授杜异，天津大学建筑设计研究院城市照明分院院长助理马秀峰，北京照明学会副理事长、清控人居光电院长荣浩磊等出席会议。来自全国14个省市的与会嘉宾250余人。

交流会就"城市公共空间灯光秀"技术进行多层面交流与分享。与会嘉宾还参观了清控光电部分展厅，体验了全息互动、360°环幕投影和裸眼3D等多媒体展示。

北京照明学会秘书长王政涛致辞

荣浩磊副理事长作"城市公共空间灯光秀解决方案"交流

交流会现场

适应国家标准体制改革，开创团体标准编制工作

为适应国家建设标准编制体制的改革，北京照明学会抓住机遇总体布局，发挥学术整体优势，支持各专业委员会发挥作用，开创并实施团体标准编制计划。

新组建标准化工作委员会

随着国家有关部门对于国家标准制定的深化改革，依照《质检总局 国家标准委 民政部关于印发〈团体标准管理规定〉（试行）的通知》和会员、行业对团体标准的需求，为了更好地为政府和企业服务，经常务理事会讨论通过，2018年12月7日，学会在清华大学建筑设计研究院召开新组建"北京照明学会标准化工作委员会"成立会议，由王政涛秘书长主持会议，徐华宣读第一届标准化工作委员会建议人选，会议一致通过，由副秘书长王磊任主任，朱红任副主任。

北京照明学会标准化工作委员会成立

编制并发布《建筑电气工程施工资料管理规程》T11/IESB0001-2017团体标准

2017年12月8日，由北京照明学会建筑电气施工专业委员会组织编制的《建筑电气工程施工资料管理规程》团体标准和《建筑电气施工资料填写范例》配套用书发布会在北京电光源研究所召开。来自设计、监理、施工等单位的电气专家、专业技术人员100余位参会。

《建筑电气工程施工资料管理规程》团体标准发布会现场

学会秘书长王政涛到会致辞，学会副理事长、建筑电气施工专业委员会主任萧宏介绍了《规程》与《范例》的编制情况和主要创新内容。会议举行赠书仪式，由学会领导代表《规程》与《范例》编制组向参会嘉宾赠书。

与会嘉宾高度评价了《规程》和《范例》在建筑电气施工质量安全和规范提升建筑电气工程施工资料方面将发挥重要的指导作用。

编制国家标准《室外照明干扰光测量规范》

国家标准《室外照明干扰光测量规范》由北京照明学会提出，全国城市公共设施服务标准化技术委员会审查后同意立项，由国家标准化管理委员会批准立项，2017年12月29日国标委公布的《国家标准委关于下达2017年第四批国家标准制修订计划的通知》（国标委综合〔2017〕128号）确定本项目的立项计划号是：20173993-T-469，由北京照明学会承担编制。

2018年8月3日召开项目启动会暨第一次工作会议，成立标准起草组、讨论标准章节框架，确定分工、标准编制计划等工作。目前已完成标准初稿。

第一次工作会议合影

第二次工作会议合影

探索学科交叉融合,举办跨界学术交流

媒体建筑塑造智慧生活学术交流会暨节能LED智能玻璃技术与应用研讨会

2016年12月7日该会在北京金码酒店举办,由北京照明学会主办、天津中节能智能玻显科技有限公司协办,120余人参会。北京照明学会秘书长王政涛主持会议。学会理事长徐华和天津中节能智能玻显科技有限公司总经理张容川分别为大会致辞。

会议展示了LED智能玻璃的组成、功能和技术优势及其在室外玻璃幕墙、室内外装饰、照明设计、户外媒体等领域的广泛应用。就目前媒体建筑

会议现场

的发展给人们生活带来的变化,以及LED智能玻璃技术的创新进行互动交流。与会者感受了LED照明技术与玻璃技术交叉融合所带来的全新媒体建筑和给人们生活带来的变化。

第一届绿水青山蓝天梦论坛暨京津冀蓝天产业联盟启动仪式

该论坛于2018年6月29日在天津高新区召开,由天津市高新技术企业协会、天津市滨海新区科协、天津市照明学会、中国节能协会城市节能集成服务专委会联合主办;北京照明学会、天津市照明学会、天津大学建筑学院、天津市高新技术企业协会节能环保分会、四川金灿光电有限责任公司共同承办。环保界数十名著名专家以及高校、研究所和企业专业技术人员200余人参会。

论坛密切联系生态环境,就学科领域有关城市夜景照明、能源系统、水资源、环境绿色发展等科学研究的最新进展进行了广泛而深入的多学科、跨行业学术交流,研讨内容对京津冀美丽城市建设具有较强的指导和实际意义。大会宣读了"京津冀蓝天产业联盟的倡议书",并进行了京津冀蓝天产业联盟启动仪式。

北京照明学会秘书长王政涛致辞并主持会议

京津冀智慧城市创新驱动发展高峰论坛

为促进京津冀互联、节约资源、智能创新驱动发展服务，由天津市高新技术企业协会、天津市滨海新区科学技术协会、天津高新区科技协会、天津市照明学会、北京照明学会主办"京津冀智慧城市创新驱动发展高峰论坛"。论坛于2018年8月15日在天津高新区召开。150余名代表参会。北京照明学会秘书长王政涛出席会议并致辞。

论坛以"智慧城市·绿色·健康·节能"为主题，就绿色智能建筑、健康建筑、绿色照明、装配式建筑、超低能耗被动式建筑的环保新产品，新技术等进行交流研讨，并进行了实地项目参观考察对接活动。

北京照明学会秘书长王政涛致辞并主持会议

会议现场

计量测试专业委员会学术活动

2018年4月13日，在中国计量科学研究院昌平实验基地，中国照明学会第七届、北京照明学会第九届计量测试专业委员会成立会议暨"基于LED的光辐射计量与测试技术"学术交流会成功举行。中国照明学会理事长邴树奎、北京照明学会秘书长王政涛、中国计量科学研究院副院长滕俊恒及专委会的委员和顾问等40余人出席了此次会议。

会议开幕式上，中国计量科学研究院副院长滕俊恒致辞。会议换届成立了中国照明学会第七届和北京照明学会第九届计量测试专业委员会，邴树奎和王政涛为委员颁发聘书。中国计量科学研究院的刘慧当选为北京照明学会第九届计量测试专业委员会主任，王朝霞、赵丽霞为副主任，赵伟强为秘书。第八届主任林延东做了第八届计量测试专业委员会工作总结。

会议邀请6位专家作报告，介绍了相关领域的国际、国内前沿动态和最新成果。

专家报告一览

专家	报告内容
中国建筑科学研究院有限公司光环境与照明研究中心 王书晓主任	《光源显色性评价研究进展》
杭州浙大三色仪器有限公司 牟同升总经理	《光生物辐射安全测试及相关计量中的问题》
杭州远方光电信息股份有限公司 潘建根总经理	《LED标准灯的优势和挑战》
飞利浦照明(中国)投资有限公司 柯栩峰	《评估光源闪烁和频闪效应的方法》
中国计量科学研究院 赵伟强博士	《总光谱辐射通量计量标准的建立》
中国计量科学研究院 刘慧主任	《LED 标准灯的研制》

参会代表合影

与时俱进，加强服务

为企业编制照明标准提供咨询

2016年5月，应首都机场动力能源有限公司邀请，学会为该公司制定"机场航站楼照明技术要求"企业标准做现状调研和标准（初稿）的技术咨询服务。徐华、王大有在中国建筑科学研究院光环境院的大力支持下，对三个航站楼进行现场测试、分析研究，2016年底完成咨询报告和企业标准稿，通过企业验收。

现场测试

北京照明学会DIALux evo软件应用与照明设计培训班成功举办

2018年4月20～22日北京照明学会在北京金辉商务大酒店会议室举办"DIALux evo软件应用与照明设计"培训班。

由北京照明学会理事长徐华，DIAL GmbH 全球官方认证讲师、河南省照明学会副秘书长冯健和北京博超公司软件产品经理李明授课，培训者与国内一流照明专家和软件编者面对面，交流互动。徐华老师对《照明设计手册》（第三版）进行了解析；李明老师对《照明设计手册》配套软件的使用进行了讲解。学员认真听取冯健老师对DIALux evo软件的应用讲解与实践。

培训结束后颁发了北京照明学会结业证书及德国DIAL公司认证结业证书。

理事长徐华授课

冯健老师授课

李明老师授课

颁发结业证书

"DIALux evo软件应用与照明设计"培训班师生合影

我们一起走过

奥运瞭望塔夜景(北京清挖人居光电研究院有限公司提供)

和谐的一家

本章简介北京照明学会四十年坚持民主办会,努力建设会员之家的全方位举措;展示了四十年来学会获得的北京市科学技术协会和北京市相关主管部门的主要奖项和荣誉,以及学会历届表彰的先进工作者名录。

坚持民主办会

北京照明学会是全国各省市最早成立的照明学会之一。她是按相关法律规定、经北京市民政局社团办批准注册的具有独立法人资格的北京地区照明科技工作者的学术性群众团体，法定代表人是理事长。照明学会是党和政府联系照明科技工作者的桥梁和纽带，是推动北京照明事业发展的重要社会力量；是北京市科学技术协会的基层组织；接受北京市科学技术协会的业务指导。

四十年来，不断完善学会理事会管理制度，做到有章可循。除学会章程外，学会还制定了《个人会员管理条例》《团体会员管理条例》和《会费缴纳与管理办法》等条例和管理办法。

根据学会章程，学会坚持每年召开理事会、定期召开常务理事会和理事长办公会，根据市科协年度工作要求，结合照明行业的特点，广开思路，民主集中，拟定年度工作计划，审议决策重大事项，并向理事会报告，坚持民主办会。

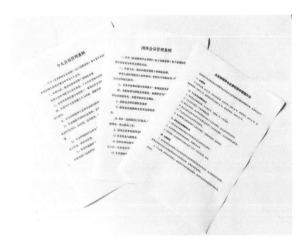

北京照明学会相关管理办法

六届四次常务理事会（2007年2月3日）

六届四次理事会主席台（2007年3月24日）

六届六次常务理事会（2008年1月12日）

七届二次理事会（2010年3月6日）

七届四次理事会（2011年10月14日）

七届五次常务理事会（2012年8月2日）

理事长办公会（2012年12月3日）

八届五次常务理事会（2016年10月9日）

九届一次常务理事会（2016年12月7日）

九届二次常务理事会（2018年12月18日）

以学术为先，把握好"三服务"

"三服务"（服务政府、服务企业、服务会员）是学会工作的基本定位，只有通过服务才能求得学会的生存与发展。而学术为先是立会之本，提供有专业水准的服务是学会的基本功。

1995年北京市科协先进学会证书

1997年北京市科协先进学会证书

四十年来，历届理事会围绕中心，服务大局，以学术为先，在"三服务"的服务领域和服务方法及手段上也不断有新的突破，新的拓展。学会和各专业委员会成功地举办了许多次国内外学术研讨会，开展了大量的技术咨询和技术服务。四十年的积淀和服务，得到北京市相关主管部门的高度信任，成为北京城市照明发展不可或缺的技术支撑，也是广大照明企业靠得住的专业朋友。北京照明学会受到市科协和相关部门的多次表彰，在北京市乃至在全国照明界享有良好的声誉。

1990~2001年北京照明学会连续六次被市科协评为"先进学会"（每两年评一次）；

2000年获市民政局、市人事局、市社团办"北京市先进社会团体"称号；

2003~2006年连续四次被市科协评为"优秀学会"。

1999年北京市科协先进学会证书

2001年北京市科协先进学会证书

2006年北京市科协优秀学会

学会获得的其他主要荣誉与奖励见下表。

其他主要荣誉与奖励（以时间为序）

时间	授奖单位	获奖项目及称号
1990年	市科协	迎亚运最佳科技活动奖
1992年	市科协	"金桥工程"组织工作一等奖
1992年	市科协	《关于首都北京夜景照明总体规划与实施方案的建议》获优秀信息奖
1993年	市科协	"金桥计划"组织工作一等奖
1993年	市科协	为莲池电器厂等三个企业技术咨询获"金桥工程"项目二等奖
1993年	市科协	为齐钢厂房照明改造技术咨询获"金桥计划"项目三等奖
1994年	市科协	"金桥工程"组织工作一等奖
1994年	市科协	为芜湖华光灯泡厂生产金卤灯咨询获"金桥计划"项目一等奖

续表

时间	授奖单位	获奖项目及称号
1994年	市科协	为中国历史革命博物馆照明改造咨询获"金桥计划"项目二等奖
1995年	市科协	为南海紫洞大桥照明咨询获"金桥计划"项目三等奖
1998年	市科协	"平安大街不宜通行无轨电车的建议"获优秀信息奖
1999年	首都精神文明建设委员会	获"首都文明单位标兵"称号
1999年	国庆50周年指挥部	获"后勤保障、有力及时"奖
1999年	市市政管委	获"国庆50周年夜景照明工作突出贡献"奖
1999年	市科协	《金桥工程》组织工作一等奖
1999年	市科协	"防止汞污染的建议"获专家建议一等奖
2000年	市科协、市科委、市人事局	获"北京市先进科普工作集体"称号
2000年	市科协	获"科技交流学术月"组织工作奖
2000年	市科协	获"北京科技周"组织工作奖
2000年	市科协	获"网络工作先进单位"称号
2001年	市科协	获"科技交流学术月"组织工作奖
2001年	市科协	获"北京科技周"组织工作奖
2001年	市科协	《关于修订学校教室照明标准的建议》获专家建议一等奖（张绍纲）
2002年	市科协	《北京尽快实施照明设计师资格认证的建议》获优秀建议奖（王大有、王晓英）
2002年	市科协	获"科技交流学术月"组织工作奖
2002年	市科协	获"北京科技周"组织工作奖
2002年	市科协	"金桥工程"组织工作二等奖
2003年	市科协	获"北京科技周"组织工作奖
2004年	市科协	获"北京科技周"组织工作奖
2005年	学会杂志社科技社团评价中心	全国"省级学会之星"
2005年	市科协	信息工作先进单位
2006年	市科协	信息工作先进单位
2007年	市科协系统	文明单位
2009年	首都精神文明建设委员会	"迎国庆讲文明树新风"活动先进单位
2012年	市科协	北京市科技工作者乒乓球大赛第二名
2017年	市科协	北京市科技工作者乒乓球大赛第三名

市科协授予学会的锦旗　　　首都精神文明建设委员会授予学会的"首都文明单位标兵"牌匾

以下为学会获得的各类奖项的证书、奖牌、奖杯等。

发挥队伍整体学术优势

北京照明学会集中了北京照明界的各方专家，老、中、青人才济济。学会的责任是搭建舞台，让大家发挥作用。

长期以来，学会形成了发挥队伍整体学术优势的传统。每逢学会开展的重大活动（"三重"：重大学术交流活动、服务北京市政府的重要项目、北京市重点照明工程咨询等），基本上都由正、副理事长分头负责，发动照明各领域及其相关专业的专家来参加；所有提交给市政府的"建议"均以北京照明学会的名义发出；有的则交给专业委员会或工作委员会来承办，或共同完成，避免少数人包干。专业委员会和工作委员会单独举办的活动，学会均给予必要的支持。不仅圆满地完成了各项任务，而且扩大了学会在业内外的影响力，增强了学会的凝聚力，从根本上构建起"会员之家"的和谐氛围。

倡导优良会风

近四十年来，学会一大批老前辈，以其博大精深的专业学识、求真务实的科学作风和不辞辛劳的敬业精神，凝聚了首都照明界广大的科技工作者，不仅为北京照明学会创造了辉煌成就，而且使学会积淀了"开拓进取，求真务实，乐于奉献"的优良会风，为学会的发展奠定了坚实的基础。

一届届理事会，秉承和发扬了这一优良会风，特别是学会主要负责人从我做起，开拓进取办实事，乐于奉献惠集体，营造良好的学会氛围，和谐共进。他们中有的经学会推选、市科协批准，出席市科协代表大会，有的当选为市科协委员（名单如下）。从第四届开始还推荐市科协先进工作者，从第五届开始对各学会曾担任本届常务副秘书长及以上职务且下一届不再任职者，经市科协常务委员会批准为他们颁发荣誉证，表彰他们为科协工作作出贡献。

近年来，还有多名同志收到市科协的感谢信，市科协对他们为科协事业所作的贡献致以崇高的敬意！

历届市科协代表大会的代表、市科协委员及市科协荣誉证获得者

市科协代表大会	市科协代表大会代表	市科协委员	市科协先进工作者/先进个人	市科协荣誉证获得者
二大（1980.6）	张力之、卡迪、王时煦	张力之	—	—
三大（1986.9）	张力之、王时煦、吴初瑜、李景色	王时煦	—	王时煦、苏丹、高履泰
四大（1991.11）	吴初瑜、谷淑英	吴初瑜	白光宇	王时煦
五大（1997.1）	肖辉乾、刘济普	肖辉乾	邴树奎	吴初瑜
六大（2002.1）	肖辉乾、王大有、戴德慈	肖辉乾	王大有	姜常惠
七大（2007.1）	戴德慈、屈素辉	屈素辉	赵建平	肖辉乾
八大（2012.2）	汪猛、宁华	—	张宏鹏	戴德慈、屈素辉
九大（2017.6）	徐华、张秋燕、王政涛（列席）	徐华	徐华	戴德慈、王大有、邴树奎、汪猛

2001年市科协"六大"北京照明学会代表与科协主席陈佳洱合影
（从左至右：王大有、肖辉乾、陈佳洱、戴德慈）

2017年徐华参加科协"九大"

王政涛参加科协"九大"

张秋燕参加科协"九大"

获得市科协最佳理事长、最佳秘书长、先进工作者等称号者

年度	最佳理事长	最佳秘书长	先进工作者	先进挂靠单位
1990~1991	—	—	白光宇	北京电光源研究所
1992~1993	吴初瑜	姜常惠	刘济普	北京电光源研究所
1994~1995	肖辉乾	白光宇	刘济普	北京电光源研究所
1996~1997	肖辉乾	白光宇	刘济普	北京电光源研究所
1998~1999	—	王大有	姜常惠	北京电光源研究所
2000~2001	戴德慈	—	王晓英	北京七〇一厂

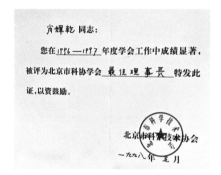
肖辉乾1998年获北京市科协"最佳理事长"称号

徐华获"北京市科协系统先进个人"奖

姜常惠获北京市科协表彰奖牌

赵建平被评为"第四届北京市科学技术协会先进工作者"证书

王大有2000年获北京市科协"最佳秘书长"称号

王大有2017年受到市科协表彰

2018年我学会有多名同志收到北京市科协的感谢信

爱会如家的办公室

学会常设的办公室是学会的秘书处，是对内的办公基地和对外的窗口。

四十年来，办公室全体工作人员始终坚持精兵简政，在历届专职副理事长和秘书长的带领下，完成了大量艰巨的任务。为更好地服务会员，为完成理事会确定的工作计划，他们注重提高自身素质，分批参加市科协组织的学会"专职干部高级研修班"，并取得岗位培训证书；他们根据各自职责，边工作边学习，适应专业知识和基本技能的挑战；他们不辞辛苦，到一线独立完成或与学会专家一起完成了预定的服务任务；他们积极参加市科协组织的与其他城市科协的交流和考察活动；他们不讲究工作条件，艰苦奋斗，勤奋工作，节俭办事，爱会如家，风清气正，多次获市科协表彰。

曾在办公室工作过的人员有：

1979~1984年：赵蓉、孙天祥

1985~1990年：郁然舫、周方详、刘学坤、王振铎

1991~1998年：白光宇、姜常惠、刘济普、杨晓萍、高宏、李集生

1999~2005年：王大有、姜常惠、王晓英、杨晓萍、张秋燕

2006~2009年：王大有、王晓英、张秋燕、王东明

2010~2016年：王大有、王晓英、张秋燕、姜丽娜

2016至今：王政涛、王晓英、张秋燕、姜丽娜

学会办公室工作人员参加北京市科协等主管部门举办的各类岗位培训证书

张秋燕继2000年被市科协评为"网络工作先进个人"后，2003～2010年及2013年共9年被市科协评为"优秀信息工作者"。

2002年王大有参加市科协组织的与香港、澳门科协和工程师协会的交流

学会办公室工作人员近照

学会的宝贵财富

学会先后聘请前任理事长王时煦、吴初瑜、肖辉乾、戴德慈为名誉理事长；聘请了22位老专家为学会顾问：肖辉乾、吴恒林、陈鲛、张绍纲、高履泰、詹庆旋、王立昌、王谦甫、李景色、张敏、姜常惠、赵振民、高纪昌、霍焰、魏春翊、杨臣铸、徐长生、高执中、洪元颐、李德富、路绍泉、张耀根等。

他们在各自的专业领域学术成果丰硕，在学会积极开展活动，为学会的发展和北京照明事业做了许多有益的工作。特别是由我国知名照明专家王时煦、吴初瑜、肖辉乾、张绍纲、詹庆旋等老前辈领衔，使北京照明学会开展了许多高层次、高水平的学术交流、技术服务和科普教育等，使学会在国内外照明界享有良好的声誉和影响力。他们是学会的宝贵财富！

历届理事长十分重视发挥老一辈专家顾问的作用,每年除了个别登门拜访和慰问,还专门召开顾问会,向他们汇报当年学会工作,征求他们对学会工作的意见与建议。

四十年来,学会的前辈与新锐,一批批引领;润物无声,一届届积淀;经不懈努力,成就了学会的今天。

在学会全体代表大会上向顾问颁发聘书

老顾问联谊活动

与中国照明学会共同举办新春联谊会

徐华（左二）、王政涛（左四）和戴德慈（左一）一起看望老前辈吴初瑜（左三）

不断发展新会员

1979年3月学会成立时有会员383人。40年来，尽管历经单位改革转型、转制，甚至撤销和个人工作变动等因素，队伍自然减员，但学会十分关注随着社会主义市场经济体制的逐步建立，照明行业发生的变革和发展，及时吸纳新生长的照明企业，特别是外资、合资企业和非公企业团体会员；关心照明各领域年轻一代科技工作者的成长，吸引他们参加学会的交流活动，及时发展个人会员；同时采取重新登记、及时办证等有效措施，使学会组织不断发展壮大。第九届理事会给团体会员重新颁发会员证书和牌匾，进一步增强团体会员的集体感和荣誉感。

截至2018年12月，学会共有团体会员163个，个人会员共1128名；北京照明学会现已发展成为技术实力雄厚，具有较强影响力和凝聚力的学术团体。

第九届理事会向团体会员单位颁发证书和牌匾

首创评优活动

为会员服务是办好学会的基石。几十年来学会围绕改革发展新形势，根据会员需求，不断拓展服务形式，学会自主开展评优活动就是其一。

2005年在北京城市夜景照明科学发展的形势下，北京市出现一批由我会员单位创作的夜景照明优秀作品，为彰显会员的业绩，进一步提升照明设计水平，促进城市照明"上水平"、"出精品"，经理事长办公会研究决定，自2005年始我学会主办两年一次"优秀城市夜景照明工程评优活动"，这在全国具有开创性。

2005年9月15日，由副理事长、学术工作部主任赵建平主持，专家评审组按理事长办公会讨论通过的评审办法评出获奖项目，在北京市科协和北京照明学会的网站公示20天，最后由评审委员会公布评审结果。

2007年11月25日、2009年12月27日、2012年8月26日学会又连续举办三届（共四届）"北京优秀城市夜景照明工程设计"评选活动，申报优秀照明工程的项目，从夜景照明扩展至室内照明，从北京延伸至全国其他城市甚至国外，申报及获奖项目不断增多，共有66项工程获奖。该活动提升了北京照明学会和相关会员单位在业界的影响力，引领了国内及北京市室内外照明设计水平的提高。

2006年，由我会理事长戴德慈（时任中国照明学会副理事长）在中国照明学会理事长办公会上提议，会议决定，中国照明学会自2006年开始举办"中照照明奖"评奖活动。而北京照明学会的评奖与中照奖相衔接，北京照明学会向中国照明学会推荐的获奖工程，在中照奖评选中均获佳绩！

专家们在优秀工程评选会上

特制奖牌

颁奖

"2005年度北京优秀城市夜景照明工程奖"获奖名单

获奖等级	获奖工程名称	获奖单位
一等奖	人民英雄纪念碑夜景照明改造工程	北京雅力苑环境文化艺术有限责任公司
二等奖	西单西南角商业回迁楼夜景照明工程	北京富润成照明系统工程有限公司
	菖蒲河公园夜景照明工程	清华大学建筑学院
三等奖	圣若瑟教堂、广场夜景照明工程	清华大学建筑学院
	月坛北桥夜景照明工程	北京海兰齐力照明设备安装工程有限公司
	国家图书馆夜景照明工程	北京天荧科源照明科技开发有限公司
	南中轴路（含永定门）夜景照明工程	北京平年照明技术有限公司
	人民大学仁达科教中心夜景照明工程	北京广灯迪赛照明设备安装工程有限公司
	景山公园夜景照明工程	北京平年照明技术有限公司

人民英雄纪念碑

西单商业回迁楼

菖蒲河公园

"2007年度北京优秀城市夜景照明工程奖"获奖名单

获奖等级	获奖工程名称	获奖单位
一等奖	景山公园夜景照明工程	北京平年照明技术有限责任公司
	健翔桥夜景照明工程	北京海兰齐力照明设备安装工程有限公司
	中国商务部办公楼（室内）	北京建筑设计研究院、松下电工（中国）有限公司
二等奖	三元桥夜景照明工程	北京海兰齐力照明设备安装工程有限公司
	中关村文化商厦（第三极）外立面媒体灯光工程	北京富润成照明系统工程有公司
	大兴桥夜景照明工程	深圳高力特实业有限公司
	LG双子座室内照明（室内）	索恩照明（广州）有限公司
三等奖	江西新余市欣欣大道广场亮化工程	北京广灯迪赛照明设备安装工程有限公司
	中华世纪坛伟大世界照明工程（室内）	北京甲尼国际照明工程有限公司
	北京复兴路乙59-1号整体照明设计	中国建筑设计研究李兴钢工作室、北京维特佳照明工程有限公司
	北京国贸立交桥夜景照明工程	北京凯振照明设计安装有限公司
	武青会议中心夜景照明工程	北京星光裕华照明技术开发有限公司
	北京庄胜崇光百货商场新馆照明工程（室内）	中国航空规划设计研究院

景山公园

健翔桥

中央电视台

"2009年度北京优秀城市夜景照明工程奖"获奖名单

获奖等级	获奖工程名称	获奖单位
特等奖	天安门广场地区夜景照明工程	北京海兰齐力照明设备安装工程有限公司
一等奖	国家大剧院夜景照明工程	北京海兰齐力照明设备安装工程有限公司
	陕西省法门寺文化景区夜景照明工程	北京广灯迪赛照明设备安装工程有限公司
	北京玉蜓立交桥夜景照明工程	江西联创博雅照明股份有限公司
	北京城区中轴线夜景照明详细规划	清华大学建筑设计研究院
二等奖	故宫三大殿夜景照明工程	北京海兰齐力照明设备安装工程有限公司
	北京劳动人民文化宫夜景照明工程	北京星光佳明影视设备科技股份有限公司
	北京中国残疾人体育综合训练基地场馆照明工程	江西联创博雅照明股份有限公司
	北京朝阳门立交桥夜景照明工程	深圳高力特实业有限公司
	北京东城区南、北河沿大街两侧建筑景观照明规划设计	北京海兰齐力照明设备安装工程有限公司
	北京西客站南广场及周边道路沿线建筑夜景照明详细规划	清华大学建筑设计研究院
三等奖	北京紫竹立交桥夜景照明工程	北京星光佳明影视设备科技股份有限公司
	北京大望立交桥及两座过街天桥夜景照明工程	北京凯振照明设计安装工程有限公司
	赤道几内亚20000人体育场照明工程	北京昊朗机电设备有限公司
	天津金汤桥会师公园引桥夜景照明工程	北京维特佳照明工程有限公司
	北京北辰大厦夜景照明工程	北京富润成照明系统工程有限公司

西安法门寺

天安门城楼

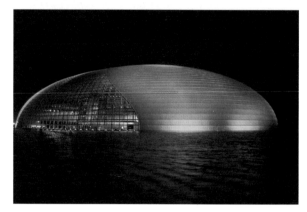

国家大剧院

"2012年度北京优秀照明工程奖"获奖名单

获奖等级	获奖工程名称	获奖单位
特等奖	清华大学百年会堂观众厅	清华大学建筑设计研究院有限公司
	宛平城地区景观照明建设工程	北京海兰齐力照明设备安装工程有限公司
一等奖	西安楼观台道教文化区景观照明工程	北京广灯迪赛照明设备安装工程有限公司
	重庆园博园景观照明工程	北京良业照明技术有限公司
	首届广州国际灯光节	北京清华城市规划设计研究院光环境设计研究所
二等奖	承德市中心区照明规划（2010-2020）	北京高光环艺照明设计有限公司
	光明桥景观照明工程	深圳市高力特实业有限公司
	西六环阜石路立交桥、涌雕塑景观照明工程	北京海兰齐力照明设备安装工程有限公司
	开封龙亭湖景区景观照明工程	北京海兰齐力照明设备安装工程有限公司
	常州三河三园景观整治工程照明设计	北京清华城市规划设计研究院光环境设计研究所
	中央电视台新址主楼室内照明设计	松下电器（中国）有限公司环境方案公司
	全国政协文史馆室内照明	广东朗视光电技术有限公司

续表

获奖等级	获奖工程名称	获奖单位
三等奖	珠江新中轴景观照明详细规划	北京清华城市规划设计研究院光环境设计研究所
	北京大兴宾馆景观照明工程	深圳市高力特实业有限公司
	贵州铜仁梦幻锦江景观照明工程	北京海兰齐力照明设备安装工程有限公司
	包头市体育会展区建筑照明工程	北京良业照明技术有限公司
	第七届中国花卉博览会主展馆照明工程	北京清华城市规划设计研究院光环境设计研究所
	武汉火车站照明工程	北京清华城市规划设计研究院光环境设计研究所
	常州一路两区照明规划与设计	北京清华城市规划设计研究院光环境设计研究所
	临朐城区景观照明规划设计	央美光合（北京）环境艺术设计有限公司
	北京百子湾会所照明设计	北京清华城市规划设计研究院光环境设计研究所
	广州发展中心大厦建筑照明设计	北京清华城市规划设计研究院光环境设计研究所

清华大学百年讲堂

卢沟桥

重庆园博园

广州灯光节

会员沙龙，其乐融融

举办会员沙龙，是第九届理事会在新时代为加强会员交流、构建科技工作者之家所策划和举办的创新活动，自2017年下半年至今已举办三次。

• 2017年8月11日，"北京照明学会会员沙龙"在北京蟹岛度假村会议楼举办。北京照明学会理事长徐华、秘书长王政涛、副理事长萧宏、学会监事长张宏鹏和前理事长戴德慈等出席本次活动，到会会员100余人。

秘书长王政涛：与会员分享2017年上半年为会员、为政府服务等工作及行业新资讯；传达2017年北京市科协第九次代表大会精神。

环境艺术照明专委会副主任牟宏毅：向会员简介由北京照明学会、中央美术学院灯芯草社主办，中央美术学院建筑学院建筑光环境研究所协办的"2017年第六届灯芯草照明协同创新奖"的进程。

副理事长萧宏：介绍团体标准《建筑电气施工工程资料编制》的编制过程。

在会员沙龙上，北京照明学会新LOGO正式与大家见面。还向首批33家参会的会员单位颁发了团体会员单位牌匾和证书。

参加沙龙的会员自由发言，对学会今后的工作提出了意见和建议，学会领导表示将认真研究这些意见和建议，做好规划设计，不断提高学会服务能力。

2017年8月会员沙龙

• 2017年12月22日，北京照明学会在北京蟹岛度假村召开"北京照明学会迎新年会员沙龙"。学会领导及会员代表100余人参加本次沙龙。

秘书长王政涛：作《2017年北京照明学会的工作》汇报，介绍了学会在北京城市照明巡查工作中采用微信群，为首都公益性景观照明设施安全运行提供技术保障的新突破、新发展，以及配合北京市发改委、市节能环保中心节能减排工作，承接并完成LED高效照明产品推广课题等情况。

理事长徐华：向会员介绍了学会2018年的工作重点。

监事长张宏鹏：作主题为《城市景观照明设施

2017年12月迎新年会员沙龙

维护与安全》报告。

本次沙龙为15家团体会员单位颁发"团体单位会员"牌匾及单位会员证书。

- 2018年9月19日上午，在北京蟹岛度假村召开北京照明学会主办的"《室外照明干扰光限制规范》GB/T 35626–2017宣贯会暨2018年迎中秋会员沙龙"。

国标编制执笔人李铁楠教授：作《室外照明干扰光限制规范》宣讲；

李炳华教授：作《浅谈室外照明用电安全》报告；

徐华、李铁楠和李炳华还和会员进行了现场互动交流和答疑。

为北京照明学会新团体会员颁发证书及牌匾。

学会秘书长王政涛主持2018年迎中秋会员沙龙

李铁楠教授作报告

李炳华教授作报告

互动环节

2018迎中秋会员沙龙现场

表彰先进工作者

自北京照明学会成立以来，在开展学术活动、科普活动、技术咨询等各项活动中，涌现出一批热心学会工作，为学会的发展和进步作出了重要贡献的会员。从第三届开始历届理事会均表彰和宣传先进人物，共表彰学会先进工作者128名，名单如下。

★ 1994年6月学会第四次代表大会授予26位同志"北京照明学会先进工作者"称号。

于青山　王立昌　王东明　方国祥　宁　华　任元会　朱伍长　余广正　宋贞秀　邢兰启

谷淑英　李树明　李恭慰　杜垫霖　邴树奎　杨学华　张　华　陈素映　周文辉　赵振民
徐长生　高纪昌　彭明元　秦家才　曾晓栋　董晓兴

★ 2000年1月学会第五次代表大会授予19位同志"北京照明学会先进工作者"称号。
王振生　刘泰坤　闫慧军　李炳华　宋贞秀　杨臣铸　杨学华　何　明　陈崇光　张敬邦
张宏鹏　张隆兴　屈承红　欧阳祥　郭　琦　彭明元　满宗林　白光宇　刘济普

★ 2004年3月学会第六次代表大会授予25位同志"北京照明学会先进工作者"称号。
戴德慈　李　农　马胜贵　徐长生　张绍纲　汪茂火　邴树奎　徐　华　康增全　连新云
张宏鹏　王振生　王维子　郑爱民　何　明　王仲良　宁　华　王启成　何卫虹　杨臣铸
张保洲　关　利　吴晔华　郗书堂　张秋燕

★ 2008年10月学会第七次代表大会授予18位同志"北京照明学会先进工作者"称号。
王振生　萧　宏　刘文山　张宏鹏　邱福钢　仉文荣　刘　慧　杨　征　闫慧军　邴树奎
王根有　徐　华　郭利平　张秋燕　何卫虹　霍振宇　陈　琪　姜建中

★ 2012年10月学会第八次代表大会授予20位同志"北京照明学会先进工作者"称号。
邴树奎　陈兴华　郭利平　林延东　刘力红　刘　慧　刘海军　宁　华　武保华　王　磊
王成人　王林波　徐　华　箫　宏　夏　昱　赵建平　周卫新　张宏鹏　张秋燕　朱　红

★ 2016年10月学会第九次代表大会授予20位同志"北京照明学会先进工作者"称号。
邴树奎　常志刚　戴宝林　李铁楠　刘　慧　刘皓挺　刘力红　马　晔　荣浩磊　王　磊
王宏磊　萧　宏　徐　华　颜　勇　张　勇　张秋燕　赵海茹　赵英然　郑　影　郑卫红

在第九次代表大会上"北京照明学会先进工作者"合影

社团评估

• 第一次评估：2011年1月24日，北京市民政局社团管理办公室召开社团评估工作会议，并于3月17日和21日召开社团评估工作培训会，学会王晓英和王大有分别参会。根据会议要求，学会办公室按市民政局市级社会组织评估要求编写《自评报告》初稿及相关资料。

4月11日，汪猛理事长召开理事长办公会，专门听取了秘书长王晓英准备情况的汇报，并细致讨论了《自评报告》及相关资料，提出相应修改意见。学会办公室按修改意见完善后，按市民政局的申报要求申请对学会进行评估。

5月16日，北京市民政局社团办组织的社团评估组一行四人，来到学会办公室对学会进行实地考察和评估。学会常务副理事长、秘书长、办公室主任、财务等人参加评估，回答评估组的提问和质询。

2011年12月，北京市民政局公布2011年度北京市社会组织等级评估活动的评估结果：北京照明学会被确定为4A级学会。

- 第二次评估：2017年11月3日，北京市民政局社团办组织的社团评估组一行五人，来到学会办公室对学会进行实地考察和评估。学会理事长、秘书长、办公室主任、财务等人参加评估，回答评估组的提问和质询。

2018年1月，北京市民政局公布2017年度北京市社会组织等级评估活动的评估结果：北京照明学会被确定为4A级学会。

北京市民政局2011年和2018年颁发给北京照明学会的4A等级牌匾及证书

进入新时代，北京照明学会踏上了新征程！我们相信，在习近平新时代中国特色社会主义思想的指引下，在北京市科学技术协会的领导下，北京照明学会将进一步团结和联系广大照明科技工作者，建设好会员之家，继往开来，锐意创新，携手奋进，谱写新篇章，共铸新辉煌！

人民英雄纪念碑夜景(北京清华同衡规划设计研究院有限公司提供)

难忘的记忆

本章收录了学会的老领导、老前辈和会员朋友们为纪念北京照明学会成立四十周年所撰写的回忆文章。

北京照明学会的筹备和成立	吴初瑜
关于北京照明学会筹备工作的回忆	杨臣铸
北京照明学会计量测试专业委员会前期工作的回顾	杨臣铸
忆往事 继往开来	肖辉乾
我的回忆和希望	贾建平
记忆长安街	戴德慈
记北京照明学会LOGO的诞生	徐 华
北京照明学会发展壮大的带路人	王大有
学会必须坚持把为企业服务作为工作重点	姜常惠
地标精神	荣浩磊
北京照明学会建筑照明施工专业委员会发展历程	萧 宏
北京城市照明：我行我素、稳重耐看	戴宝林
北京宣武门教堂夜景照明	江 波
领衔行业发展，温馨会员之家	关 利
记"北京照明学会四十周年"有感	李继平
	张 千
携手北京照明学会，共创美好未来	龚殿海
	闫 石
BPI在北京	李奇峰
照明工程全过程服务模式简论	王春龙

北京照明学会的筹备和成立

吴初瑜

据北京科学技术协会会志记载，截至1978年底，全市已成立行业学会50个，而北京市的照明行业还没有自己的学术团体，照明行业的发展和技术进步受到很大影响，为促进照明学术活动的繁荣，推动照明科技事业的发展，成立北京照明学会已成为全市广大照明科技工作者的迫切愿望。

一、筹备会

在北京电光源研究所所长张力之的倡导下，经与北京市建筑设计研究院、中国建筑科学研究院物理研究所和清华大学等四个单位的主要领导沟通和磋商后，一致认为成立北京照明学会的时机已经成熟，之后经过几次协商，于1978年6月，上述四单位的主要领导召开了联席会议，讨论成立北京照明学会的有关事宜。会议决定上述四单位为发起单位，吸收中国计量科学研究院和北京灯泡厂等单位参加，成立北京照明学会筹备会，由张力之所长任筹备会主任，成员有上述各单位的王时煦、肖辉乾、吴恒林、林贤光、郭永聚、吴初瑜等。会议决定要在半年左右时间完成召开北京照明学会第一次代表大会的各项准备工作。筹备会全体工作人员经过半年多紧张有序的工作，起草了学会章程（草案）和参会代表产生办法；提出了第一届理事会理事候选人和理事长、副理事长、秘书长候选人建议名单，并多次向市科协请示、汇报筹备会工作情况。1978年底市科协批复同意成立北京照明学会。

二、第一次代表大会

1979年3月2日，北京照明学会第一次代表大会在北京工人体育馆礼堂举行，出席会议代表300多人，大会由吴初瑜主持，筹备会主任张力之作北京照明学会筹备工作报告。北京市科协副秘书长林寿屏、学会部李玉言、轻工业部科技司司长徐斌、轻工业部副局长鲁万章、北京市一轻局副局长姜载雨、光源处副处长李澄和到会并讲话。会议一致同意成立北京照明学会，并通过了学会章程，大会选举张力之等35人组成北京照明学会第一届理事会。由北京电光源研究所所长张力之任理事长。

三、我们的希望

北京照明学会经过四十年的艰苦奋斗，在历届理事会和1000多名个人会员、160多个团体会员单位的共同努力下，发扬"团结、进取、务实、奉献"的优良作风，在开展学术交流、宣传科普知识、实施"金桥工程"、开拓城市夜景照明等工作中作出了巨大贡献，取得了丰硕成果，获得过许多项荣誉。回顾以往，作为她筹建、成立和成长的参与者和见证者，我们心中无限感慨；展望未来，我们期待北京照明学会在新时期有新作为！我们相信北京照明学会会越办越好！

吴初瑜　曾任北京照明学会第一届秘书长，第二届副理事长兼秘书长，第三、四届理事长。

关于北京照明学会筹备工作的回忆

杨臣铸

粉碎"四人帮"后，科技工作又重新受到重视。原有的学会逐渐恢复活动，同时又酝酿成立新的学会。国际照明委员会的工作和光学计量关系密切，中国计量院原光学室主任吴恒林就成立照明学会的事，多次与建研院物理所等单位领导交换意见。

商量确定由北京电光源所牵头，肖辉乾、孙延年代表建研院物理所，林贤光代表清华大学建筑系，杨臣铸代表计量院光学室参加筹备工作。1978年6月18日在北京电光源研究所召开筹备工作会议，会议由张力之所长主持，光源所吴初瑜、卡笛等参加。会议决定成立筹备组，光源所、建研院物理所、清华大学和北京市建筑设计研究院四家为发起单位，并扩大筹备单位，邀请照明设计单位、高等院校、灯泡厂、部队单位和应用单位（如纪念堂、制片厂、体育场馆等）的代表参加筹备工作。

1978年7月31日召开第二次筹备工作会议。邀请蔡祖泉介绍上海照明学会的筹备工作和成立经过。会议决定筹备工作常设办事组设在光源所情报室，专职秘书是赵荣（女，后来调市科协）。会议就调查有关照明行业情况进行分工，还议论了将来专业组的划分。

1978年8月17日下午，在北京工人体育场，筹备组组织了第一次学术活动。会上的学术报告文集，以《北京照明工程》（内部刊物）封面油印成册。这应是现在学会刊物《照明技术与管理》的前身。

1978年9月18日筹备组召开第三次会议。（我的笔记本上没有记会议内容。）

1978年9月28日筹备组召开第四次会议。酝酿理事会组成原则和名额分配，以及领导成员人选。

1979年1月13日筹备组召开第五次会议。传达北京市科协批复文件，同意成立北京照明学会。会上确定理事长、副理事长、秘书长、常务理事和理事名单，上报市科协。会议讨论了成立大会各项事宜。

北京市科协批准了上报的理事会组成人员名单后，于1979年2月20日召开第一届理事会第一次会议。决定3月2日在工人体育馆召开成立大会，会期两天。会议决定了四个工作委员会的主任和副主任名单，由四个专业组（后来才改称为专业委员会）负责筹组单位，其中照明计量专业组由计量院负责。并决定在成立大会上作学术报告：①照明工程的现状和发展趋势；②建筑照明设计如何为四个现代化服务；③电光源的发展；④照明工程中的光辐射计量。

成立大会如期于1979年3月2日举行。

杨臣铸　曾任北京照明学会第二至第五届常务理事、计量测试专业委员会主任。

北京照明学会计量测试专业委员会前期工作的回顾

杨臣铸

北京照明学会成立之后，即开始筹组各工作委员会和专业组（从第二届起改称专业委员会）。理事会决定，照明计量专业组由计量院负责组建。照明计量专业组涉及的领域大体上对应国际照明委员会（CIE）第一分部：视觉与颜色，和第二分部：光和辐射的物理测量。这是照明科学技术的重要基础之一。在北京地区，专职从事光辐射计量检测和视觉研究的单位仅有三、四家，设置有光辐射计量检测部门的单位不多，而且从事这方面工作的人员也少。这是有别于其他专业组的。

在学会领导下，经过调研和联系，确定由中国计量院光学室、清华大学建筑系建筑物理教研室、建研院物理所光学室、北京电光源所测光室、北京灯泡厂检验科、铁道科学院通讯信号所、北京市计量局光学室、北京318厂设计所光学室、北京261厂、北京师范大学天文系，以及科学院心理所和协和医院（当时叫首都医院）眼科等单位的代表组成核心组。1980年2月8日，副秘书长卡笛到计量院光学楼主持照明计量专业组成立会。核心组成员（协和医院代表缺席）和光学室的会员出席会议。副理事长、计量院光学室主任吴恒林致辞，祝贺专业组成立并介绍光学室的工作，同时表示要大力支持学会和专业组的活动。与会成员热烈发言，并对专业组的工作提出了宝贵建议。确定专业组的核心组每年至少举行一次会议，通报前一段时间的工作和学会的活动，讨论下一年的工作计划。一般在春节前还举行茶话会。

1984年学会改选，成立第二届理事会。"照明计量专业组"更名为"计量测试专业委员会"。设主任委员一名，副主任委员两名，委员七名，秘书一名。由学会颁发聘书。

委员会的工作主要有：

1. 承接学会委派的工作。

先后接待学会邀请来华访问的日本照明代表团和澳大利亚照明界人士等，参观计量院光学实验室，并组织座谈。组织本委员会会员，参加学会组织的活动和学术年会，并提供文章。

2. 每年举办3~4次学术活动，活动方式主要有：

（1）学术报告，如邀请：

261厂李妙棠讲《光电倍增管的性能及使用方法》；

清华大学林贤光讲《照度计及使用方法》；

北京师范大学郝允祥讲《关于强光和弱光测量的几个问题》；

中国计量院徐大刚讲《国际单位制和我国法定计量单位》。

（2）专题讲座：

杨臣铸讲《实验数据处理与误差分析》。

（3）专题讨论：

测光装置的调整。

（4）办学习班："光度测量基础"等。

（5）中国计量院光学室（后更名为光学处）邀请外国专家来访，并举办学术报告会，同时通知委员会会员参加。主要有：

①日本池田光男、佐川贤、不破正宏等先后来院，就颜色视觉特性、新的视亮度测光体系和人眼光谱

灵敏度的测量等作学术报告；

②美国国家标准局（NBS）夏劲戈等来院，报告的内容有《NBS的光谱光度工作》、《硅光电二极管自校准技术》等；

③德国PTB的NAWO报告《光辐射测量技术》；

④北京师范大学光电研究室邀请日本中川靖夫作了系列学术报告。

（6）组织委员编写普及读物《照明与测量基础知识》。

1987年中国照明学会成立后，中国学会的计量测试专业委员会也挂靠中国计量院光学室。此后的学术活动基本上都是两家计量测试专业委员会联合举办。

委员会前期的工作对于促进计量检测单位之间的了解和交流、丰富计量检测人员的专业知识和提高技术水平，以及了解国外的最新动态，都有良好的作用。

杨臣铸　曾任北京照明学会第二届至第五届常务理事、计量测试专业委员会主任。

忆往事　继往开来

肖辉乾

难忘的1979年3月2日，这是北京照明学会的成立日，数十年来由成立时的会员383人，发展到现在会员达千余人，八个专业委员会（电光源、灯具、设计、施工、计量、道、环艺和影视），并创办了《照明技术》（后改名为《照明技术与管理》）学术刊物。学会工作在市科协的领导下，按党的方针政策，民主办会、自强自律和自主发展的思路统一思想；积极主动地贯彻市科协的"三服务、一加强"（服务国家、服务企业、服务会员，加强自身建设）的方针，自力更生稳步发展，为促进首都建设和照明事业的发展作贡献。

一、做好规划，精心设计，创造具有首都特色的夜景照明

随着改革开放和首都建设事业的不断发展，人们夜间活动迅速增多，城市夜景照明引起了社会各方面的重视和关心。

城市夜景照明是城市现代化建设的一个重要组成部分，是技术和艺术的有机结合。从城市夜景照明内容说，包括建筑（传统的古建筑和现代建筑）的外景照明、机场和车站照明、道路和立交桥照明、广场照明、公园照明商业街照明，特别是广告标志和橱窗照明等。将照明组合成一个有机整体，构成一幅优美而壮观的灯光图画来装点城市的夜景，在夜间用灯光再现城市风貌。

夜景照明的功能是为人们提供一个良好的夜视环境，保证人们正常的夜间活动的进行，增强人的舒适安全感，减少事故的发生。商品街的照明可延长营业时间，活跃市场，吸引顾客，提高销售额，促进商业经济的发展。

北京是祖国的首都，是全国政治文化中心。它既拥有众多的为国内外人士交口称赞的古建筑，又兴建了一批又一批造型各异、色彩斑斓的现代建筑，加上宽敞的道路和一座座大型立交桥，显得格外壮观美丽。搞好首都夜景照明，不仅可美化首都夜景，而且也反映出我国政治经济、文化建设和科技水平，对宣传我国社会主义建设的伟大成就，表现我国政治上安定团结、欣欣向荣的大好形势，促进经济发展，繁荣旅游业，均具有重大的政治、经济和技术意义，其社会影响是十分广泛和深远的。为首都夜景照明的建设出力是照明工作者责无旁贷的光荣任务。

怎样从首都北京的实际条件出发借鉴国内外城市夜景照明的经验和教训，合理选定适合我国国情的照明标准与方法，统筹规划，精心设计，采取有力措施，节资节电，创造有首都特色的城市夜景照明问题，需要我们认真地思考和回答。

新中国成立以来，随着首都建设的迅速发展，北京城市夜景照明的成绩和进步是有目共睹的。另外上海外滩和南京路、南京的夫子庙和南京长江大桥、天津海河公园和和平路的夜景照明的经验，以及国际上在夜景照明方面的经验，特别是国际委员会（CIE）的两个有关城市照明技术委员会（TC5-06和TC5-07）的研究成果，包括CIE第22届大会上各国专家对防止城市照明产生的干扰光的意见与有关规定是我们应很好研究和重视的。只有吸取国内外已有的成功经验，才能创造出具有自己特色的城市夜景照明。

搞好首都夜景照明必须从首都的实际情况出发，作好整体城市夜景照明的总体规划，着眼于提高整体城市的夜间景观，抓住北京市规划的中轴线，处理好新与旧、传统与现代、功能与艺术、革新与保守之间的矛盾，在处理某个建筑或景观的夜景照明时必须深入分析建筑与景点的特点与性质，对照明方案进行认

真研究，抓住重点，精心设计，提出有自己特色的设计方案，而不是千篇一律采用单一的泛光照明。鉴于首都能源比较紧张，财力有限，设计时应千方百计采取措施，节资节电。

搞好城市夜景涉及建筑、城市规划、市政、供电、交通、园林、轻工、旅游、商业和工程建设部门等许多单位，是一项系统工程，只有在市政府统一领导下，大家通力协作、共同努力，才能完成任务。

二、天安门广场和长安街的夜景照明

天安门广场和长安街的夜景照明是首都夜景照明的重点，笔者据1997年3月3日北京市市政管委会议要求，以北京照明学会等单位的名义，提交给北京市政府一份建议方案。本方案是对天安门广场和长安街夜景照明的现状、存在问题进行的调查研究和实测分析，同时是在借鉴国内上海、大连、重庆、广州等城市，以及国外巴黎的戴高乐广场与香榭丽舍大街、纽约的时代广场和百老汇大街、华盛顿的林荫大道和华盛顿纪念碑、莫斯科红场和列宁大街、罗马威尼斯广场和民族大街、威尼斯的圣马可广场、吉隆坡的独立广场和吉晋街及唐人街等的夜景照明的实际经验后提出的。

（一）天安门广场和周围景物夜景照明的总体规划和设计

总体规划首先应充分了解各景物夜景照明的作用和地位，明确其夜景形象的内涵，以北京城市夜景照明总体规划为依据，认真分析研究广场及周围景物的功能和特性，而后对广场相关的构景元素，如天安门城楼、大会堂、博物馆、纪念堂、正阳门、中国银行、周围绿地、树木、国旗的旗杆与基座、观礼台、华表、石狮、金水桥、护城河中的喷泉景观元素的特征及它们之间的横向与纵向联系逐一加以分析，进而按总体规划确定整体广场夜景照明的亮度分布、色彩的搭配，完成和谐并富有特色的夜景照明，塑造天安门广场庄严、雄伟、气势宏大、欣欣向荣的文化内涵和令世人瞩目的美好形象。

（二）长安街及沿街两侧的建筑物和构筑物的照明

以大街的路灯和建筑物的照明为主景，绿树和沿树的广告标志为配景，以红墙和一般民用建筑为底景，沿街十字路口照明为过渡景观，按以建筑为点、路灯为线、底景照明为面、路面为带，以线连点，点线面结合，再加上沿街的广告标志、附属设施及雕塑作品的照明作点缀，并利用好过渡景观的照明，在宏观上控制好各组景观元素的平均亮度水平和色彩的搭配，有主有次，亮度有高有低，营造一条亮丽而雄伟并富有层次、节奏和韵律的夜景灯光带。

三、照明新科技为首都夜景照明增辉添彩

（一）概况

自新中国成立以来，特别是通过庆祝香港和澳门回归、国庆五十周年、新世纪的到来和申奥成功后迎接2008年奥运会等重大活动，首都北京的夜景照明发展十分迅速。夜景照明工程中的高科技含量不断提高，应用新科技的种类也不断增多，归纳起来大概有以下12方面：

①光导纤维（简称光纤）照明技术；②发光二极管（LED）照明技术；③导光管和无极灯照明技术；④激光在夜景工程中的应用技术；⑤陶瓷金卤灯及应用技术；⑥太空灯球及其应用技术；⑦隐形幻彩发光涂料技术；⑧自发光动态显示照明技术；⑨EL电致发光带技术；⑩变色霓虹灯技术；⑪照明的光伏供电技术；⑫城市照明智能监控技术。

（二）新科技使天安门地区的夜景更显辉煌

近年来，天安门城楼和广场周边围合建筑物和夜景照明在不断改进和完善，特别是通过以下10个方面的照明新器材和新技术的应用：①天安门城楼屋顶和人民英雄纪念碑顶应用陶瓷金卤灯照明技术；②观礼

台使用LED轮廓灯带；③国庆50周年使用的太空灯球；④国庆天安门广场上的大型光纤花篮；⑤金水河彩色灯光喷泉使用新开发的彩色金卤灯PAR灯；⑥天安门广场周边松树的LED彩色装饰灯；⑦周边建筑所有白炽轮廓灯改换成高效节能荧光灯；⑧天安门广场两侧红绿灯使用的光伏技术；⑨天安门东侧的奥运会倒计时牌使用的LED和光伏技术；⑩2007年国庆和2008年庆祝奥运会胜利召开，天安门广场上花坛的LED灯饰和中心喷泉的激光投影技术等。

天安门地区通过以上科技的应用，夜景照明效果得到明显改善，如天安门城楼屋顶亮起来了，特别是城楼的彩画与斗栱改用陶瓷金卤灯照明后，其色彩还原性能明显提高；人民英雄纪念碑顶部暗区消除了；观礼台的轮廓变得十分清晰；国庆50周年庆典晚会时，天安门广场中心区使用太空灯球补光后，地面照度明显提高；天安门城楼、大会堂、博物馆、纪念堂、正阳门城楼、原中国银行大楼和天管会大楼等七栋建筑用节能灯替代了原来的白炽灯轮廓灯，不仅原来常出现轮廓断线的现象大大减少，而且节能效果十分显著，天安门地区的2.2万只白炽轮廓灯已全部改用5~9W节能荧光灯，若按5W节能荧光灯计算，一年可节能80万kW·h。总之，新科技使天安门地区夜景更显辉煌和气势恢宏，充分体现出她在首都夜景中的中心地位。

（三）新科技使中华第一街——长安街的夜景更加雄伟壮观

以前长安街是指大北窑到公主坟路段，全长13公里。2000年3月，北京市委、市政府决定将长安街东延至通州运河广场；西延至首钢东门，全长46公里，并誉为神州百里（华里）长街。长安街是首都东西轴线，沿线有众多政府机关、金融机构、现代化水平很高的大型公共建筑、公共设施和多处历史人文景观。从香港回归到现在，长安街夜景照明进行了多次改进和完善，面貌焕然一新。夜景建设中，由于新科技在长安街夜景工程中的推广应用，长安街夜景更显宏伟壮观。

1. 新光源（无极灯）使长安街的华灯更靓丽可靠

长安街的华灯被誉为国灯。1959年以来因要求熄灯后能立即再启动而一直使用半球反射型白炽灯和自镇汞灯照明。2004年路灯管理部门对无极灯是否适合在长安街使用进行了约一年的试验和实际观测。试验结果表明，无极灯熄灯后可立即启动，而光效也较高，特别是寿命可达数万小时。这样于2006年长安街和天安门的华灯全部改用无极灯光源后，不仅照明效果显著改进，而且节能效果显著，维修周期大大增加，维护管理费用大幅度下降，长安街的华灯更显靓丽和辉煌！

2. 新科技提升了长安街建筑夜景的技术和艺术水平

新中国成立后，特别是改革开放以来，长安街兴建了大量的现代化建筑物。这些建筑物成为夜景照明的理想载体。在市市政管委的统一领导下，按建筑物的特点和风格，并结合周围环境状况进行了夜景照明的建设或改进。在建设或改进过程中，通过照明新科技的推广应用，特别是飞速发展的LED光源和用LED光源做成的众多夜景照明器材、RGB灯具、夜景照明智能控制技术、图像投影技术、光纤照明技术、变色霓虹灯照明技术等，有力地提升了夜景工程技术和艺术水平，涌现了一大批夜景照明的佳作，如西长安街的新华门、国家大剧院、中组部大楼、民生银行大楼、民族文化宫、远洋大厦、中银人民银行大楼、广电总局大楼、八一大楼、军事博物馆和中央电视塔的夜景工程等；东长安街的北京饭店、经贸部大楼、东方广场、光彩国际中心、中国农业大楼、新闻大厦酒店、华夏银行、国际饭店、恒基中心、海关大楼、北京广播大厦、国际饭店、新华保险公司大楼、双子座大厦、中环世贸大厦、国贸三期大厦、中央电视台新楼、北京电视台新楼、华茂大厦、金地中心、万达广场、德意志银行、华贸中心和国华电力公司240米烟囱等的夜景照明等，各具特色，新科技含量明显提高，夜景照明效果越来越好，备受市民和国内外观光游客称赞！

3. 新技术为长安街的灯饰景观锦上添花

长安街沿线的重点部位，每年的春节、劳动节、国庆节、全国的"两会"和一些重大活动，如党代大会、香港与澳门回归、中非论坛和2008奥运会等都要应用各种照明新科技营造一些灯饰景观，如复兴门和建国门的彩虹门、复兴门绿地的灯饰花篮、东单路口的LED灯球、新兴桥的光雕景观和隐形灯饰、长安街沿线绿地的光纤灯饰景观等成为长安街节日夜景的精彩一笔，真可谓新科技为长安街夜景锦上添花。

四、新科技让首都古建筑夜景既精彩又安全

首都北京是一座拥有3400年历史的古都。在首都城区中轴线上，从南到北分布有永定门城楼、天坛、前门五牌坊、箭楼、正阳门、天安门、故宫、景山、北海、钟楼和鼓楼等众多的古建筑；在城区还有德胜门、东便门和西便门城楼、国子监、孔庙、雍和宫、地坛、白塔寺、古观象台、颐和园和圆明园古建遗址等一大批古典建筑。因此古建筑的夜景照明成为首都夜景工程中的重要组成部分，具有举足轻重的作用和地位。

由于上述古建筑均为国家重点文物保护单位。为了保护古建筑，不许进电，也不许因安装照明设备而损伤建筑。在文物部门的配合下，通过试验研究，根据不同古建筑的具体情况，分别采用了无紫外线与红外线的LED光源照明技术、光纤照明技术、远程投光或升降式远程投光技术、特种粘结（接）技术和照明智能控制技术等，达到了夜景照明既保证了照明效果又安全可靠的要求。

如故宫的三大殿、劳动人民文化宫的太庙、国子监的孔庙与颐和园的佛香阁等古建采用升降式高杆灯远程投光照明；故宫的角楼和东华门城楼、天坛的祈年殿钟楼和鼓楼采用远程投光照明；永定门城楼和钓鱼台的湖心亭采用光纤照明；前门大街古建筑牌坊采用LED光源照明；景山、北海、雍和宫、德胜门城楼、前门楼、正阳门城楼、东便门和西便门城楼的夜景照明器材均采用特种粘接技术安装而不损伤古建文物。先后竣工的上述古建夜景照明工程的照明效果都比较好。灯光启开夜幕，将造型优美、气势恢宏、色彩丰富、艺术高超和特色鲜明的中国古典建筑展现在世人面前，既靓丽又安全，成为首都夜中又一精彩的一笔。

五、新科技塑造奥运会中心区建筑的独特夜景

举世瞩目的2008年第29届奥运会中心区位于首都中轴线北端，北四环路北，成府路南，北辰东路西侧和北辰西东路西侧。中心区的主要建筑物或构筑物有国家体育场（也称"鸟巢"）、国家游泳馆（也称"水立方"）、国家体育馆（寓意："曲扇临风"）、数字北京大厦（也称数码大厦）和多功能演播塔等。这些建筑或构筑物的创意造型和风格都十分独特，被人们誉为举世无双的建筑。这些建筑的夜景照明的规划、设计和实施的难度，技术要求之高则不言而喻了。根据笔者所知，相关照明设计、规划和施工人员在建筑师和中心区规划师的支持与配合下，打破常规思维模式，紧紧抓住建筑师的创意，针对建筑的功能要求和奇特的艺术造型，采用独特的照明方法和最新的照明科技塑造出一个个独一无二，精彩纷呈的建筑夜景而备受世人关注和高度称赞。

1. 形似"鸟巢"、并非"鸟巢"的国家体育场的夜景

（1）工程概况。国家体育场位于奥体中心区东南侧。体育场总建筑面积约258000平方米，建筑最高点高度为67.78米，场内共有座位91000个（固定座位80000个，临时座位11000个）。2008年奥运会的田径赛、足球决赛和开、闭幕式均在此举行。

（2）建筑特征。南北长333米，东西宽298米，顶部开口南北长182米，东西宽124米的国家体育场建

筑，由钢筋混凝土看台作内层、钢结构立体构架作外层两部分组成。外层24榀银灰色门式钢架柱，宛如金属树枝编织而成的椭圆形"鸟巢"。形似"鸟巢"、并非"鸟巢"的国家体育场建筑的明显特征是整个建筑呈现为裸露的建筑构架外观，具有很强的通透性，内外视线相通，场外可看清钢架柱间的行人及内景。

（3）夜景照明的方法。据建筑结构和立面特征，设计师采用剪影照明法（silhouetic lighting），将背景照亮，使建筑立面的构架在背景上形成轮廓清晰的影像。使用此法时，应防止环境淡化剪影的现象。

（4）夜景照明主色调的选择和布光。①为了营造节日喜庆气氛，建筑外表的主色调选用传统的"中国红"，按色彩还原与显示原理，在选用高显色指数光源的同时，将混色主波长选在625mm红色区（见2007年中国照明工程年鉴）；②剪影夜景照明布光时，核心筒红墙的照明与布光是将4800套36W高显色性T5荧光灯灯具隐蔽在观众视线之外来照明红色墙面；屋顶PTFE膜结构用498套金卤灯灯具照明；三层外钢构架用264台金卤灯具照明。

（5）节能减排贯彻绿色奥运理念的措施。①控制照明的照度，如1～5层红墙照度为90lx，6层以上为140lx；②使用高光效的光源灯具；③西侧广场、入口及公用设施使用太阳能光伏照明；④使用智能调光控制系统。

2．水立方国家游泳馆的夜景

（1）工程概况。2008年奥运会的国家游泳中心，也称水立方，位于奥体中心西南侧，距国家体育场"鸟巢"约300米，北面是国家体育馆，西北侧是数字北京大厦，南面是保留的古建筑"娘娘庙"。建筑物地上四层，建筑高度31米，赛期总建筑面积87000平方米，赛后总面积9400平方米。被照明的外立面（含屋顶）面积为50000平方米。

（2）建筑特征。形似"方盒子"的"水立方"建筑是融中国"天圆地方"传统文化和现代化科技的杰作。与众不同之处是四个立面和屋顶共由3000余个气枕组成。白天在阳光照射下晶莹剔透，显示其"水立方"的神奇景观特征。

（3）照明方法和使用的新技术。为夜晚再现建筑的神奇特征，设计人员在借鉴现有建筑夜景照明方法的基础上，经过充分论证和反复试验，在气枕内采用RGB型LED灯具进行内透光照明方法，并在电脑的程序控制下使每个气枕的兰、红、绿、白、紫粉和黄七种颜色和亮度有规律地变化，塑造出神奇的"水泡"夜景，实现和升华建筑师的建筑创意和建筑艺术。据介绍，整个工程使用了40余万颗大功率LED光源和37000套特制的RGB型LED灯具。灯具具有单模组和双模组两种。单模组灯具有8颗LED光源；双模组灯具有16颗LED光源。灯具安装在ETFE膜结构的夹层内，由下向上照射。因气枕的大小形状不一，为了调整灯具的照射方向，每个灯具均有角度调节器，以达到气枕亮度分布均匀的效果。

（4）显示屏技术与建筑立面动态夜景的巧妙结合。"水立方"的东南入口是建筑物的主入口。建筑物的东南立面是夜景照明的主立面。照明设计师在南立面安装了2000点阵显示屏，与四个立面及屋顶的灯光共同构成具有强烈视觉冲击力的宏伟壮观的动态场景。据介绍，这一显示屏创造了七个世界第一；一是具有日间隐形功能；二是户外显示独立视频源技术；三是户外显示虚拟成像技术；四是户外大屏幕"画中画功能"；五是超高温环境中稳定运行技术；六是超远距离成像技术；七是慢态LED显示面积和调制精密程度。

3．数字北京大厦（也称数码大厦）的夜景

（1）工程概况。数字北京大厦东侧是国家体育馆和国家游泳中心（水立方），西临北辰西路。大楼高度56.3米，建筑面积96518平方米，地上11层，地下2层。建筑外形类似四块数字电路板，东立面上的竖向分隔带和西立面的竖向窗户如同电路板上的线路，建筑内涵十分丰富，造型很有特色。

（2）夜景照明的方法和使用的新技术。为了表现数字北京这一主题，照明工程师根据建筑师的创意，在东立面的竖向分隔位置利用LED动态显示照明技术表现线路板上的一条条线路，并可显示各种题材的活动画面，形成动态的自发光夜景。画面由35万个像素点组成，每个点由两红一绿一蓝共四颗0.06瓦LED组成，共耗电84kW。可显示的画面有三个：一是以蓝色为主的静态画面与数字流；二是模拟河水、瀑布或流星雨画面；三是2008北京奥运会会徽、国际奥组委的会徽和一些经典奥运标识及图案。

4. 扇面临风、含蓄内敛的国家体育馆的夜景

（1）工程概况。位于中心国家游泳中心北侧，数字北京大厦东侧，国家会议中心的南侧，离国家体育场"鸟巢"约500米。紧靠中心区景观大道的国家体育馆，南北长335米，东西宽207.5米，总建筑面积80890平方米，观众座位，赛期2万个，赛后1.8万个。主要用于竞技体操、蹦床和手球比赛。

（2）建筑特征。因建筑紧靠国家体育场和国家游泳中心两个核心标志建筑，要求建筑造型简洁大方，含蓄内敛，不宜张扬和喧宾夺主。主立面南北呈波势造型，扇型屋顶曲面如同行云流水般飘逸灵动，外墙是大面积晶莹剔透的玻璃幕墙，就像一把打开的中式折扇。

（3）夜景照明的方法和使用的新技术。根据建筑立面造型和饰面特征，照明设计师采用功能光外透和建筑夜景照明方法，将LED光源和建筑结合为一体，进行局部重点照明；按绿色奥运理念，除用LED照明新技术外，还采用了太阳能光伏照明技术，在玻璃幕墙与屋顶上安装了容量为100kW的太阳能电池板，单块太阳能电池板长120厘米，宽50厘米，功率为90W，电压为18V，发电供照明及其他设施使用，从而达到了照明效果好又节能的双重要求。

5. 360°观景演播塔的变色自发光夜景

（1）工程概况。中心区多功能的演播塔位于中心区中部，塔位西侧与中轴线景观大道相连。北临中一路，东侧和国家体育场的训练场相接，整个工程建筑用地面积1100平方米，总建筑面积4296平方米（地下644平方米，首层910平方米，标准层演播室297平方米）。塔的功能主要为2008奥运会期间，为特权转播商提供以奥运馆为背景360°拍摄中心区实景的演播室。

（2）建筑特征。演播塔属于超高层建筑与构筑物合为一体的混合性高耸钢结构建筑。塔的总高为160米，可上人的高度为99.6米，塔共分七层，二至六层为演播室；塔的平面为等边三角形。三个角均有垂直的交通电梯。每层演播室由上下两个几何三角形尖体组成，造型十分独特。

（3）夜景照明方法和使用的新技术。根据塔的功能和造型特征，设计师采用变色自发光的照明方法，用小功率变色LED光源装饰各层演播室的外立面，形成上下各层的均匀可变色的自发光表面。表面亮度和颜色由上向下有规律地变化；重点在塔的顶部，用不同颜色的自发光LED灯带设计安装了奥运会的五环标识图案。以致整个塔的夜景重点突出，较理想地表现出塔的建筑特征，成为中心区景观大道夜景中的视觉中心和精彩亮点。

总之，首都夜景照明工程中的新科技含量及水平在不断提高，成效显著，但是和首都的地位比，和先进国家比，差距不小。我们要及时总结经验，发扬成绩，克服不足，缩短差距，迎头赶上，用照明高新技术把我们伟大祖国首都的夜景装扮得更加雄伟、壮观、靓丽和辉煌！

肖辉乾　曾任北京照明学会第一、三、四届副理事长，第五届理事长。

我的回忆和希望
——写在北京照明学会成立四十周年之际

贾建平

我是2003年才进入城市照明这个行业，所以在这个行业工作时间不长。但是据我所知，自从改革开放以来，北京城市照明建设从规模很小，发展到当今的规模；城市照明品质从低层次向高层次不断提升。在其发展的进程中，在照明建设规模和照明技术极大提高的过程中，北京照明学会都起到了至关重要的技术支撑作用。

就拿我2003年到2009年在北京市市政管委夜景照明处工作的这六年来说，我的感觉是非常深刻的。我觉得在这六年工作中，如果没有北京照明学会的支持，也很难完成我的任务，很难把北京城市夜景照明工作搞好。北京照明学会在这阶段北京城市照明的建设发展中起着不可或缺的作用。

应该说北京市城市夜景照明从1997年开始就有一个迅速的发展，从数量上质量上都不断地进步。到了2000年之后，质量的提高，科技含量的提高，环保、节能等各项技术水平的提高，比数量的提高显得更重要。

2003年到2009年这六年，可以说是城市夜景照明迅速发展，而且是规模和质量双升的一个重要阶段。在这阶段我们面临着迎接2008年的北京奥运会和2009年的中华人民共和国成立60周年大庆的重要历史机遇。在这一背景下，我国重大的国际交往活动也日益增多。而每逢重大的政治活动、经济活动、外交活动、文化活动，夜晚都离不开城市照明。城市照明已经成为展示北京城市风貌的重要方式之一，在城市的政治、经济生活中起到了不可替代的重要地位和作用。在这一阶段，北京城市夜景照明建设不但任务十分繁重，而且城市照明建设已在过去建设的基础上步入"上档次"、"出精品"的科学发展阶段。所以，这个阶段城市照明的发展，照明技术与艺术的支撑就显得非常的关键，非常的重要。到底怎么才能提高北京市整个城市夜景照明的水平，这恰恰需要各路专家、学者发挥聪明才智，提供技术指导和引领。

北京是我国的首都，是科技文化的中心。北京在照明这个行业里有我国的很多专家、教授、行业精英和领军人物，人才济济。但是能不能把这些科技人才最大限度地集合起来，让他们为北京城市的夜景照明建设发挥他们的专业作用呢？而我们北京照明学会恰恰就起到了这个作用。学会为他们搭建了平台，开辟了渠道，让他们能够集合在一起，最有效地为北京城市夜景照明提供大量的技术服务、技术支撑和技术指导。

回顾我这六年的工作，有了照明学会的技术支撑，使我干起工作来胸有成竹。抓住这个契机，充分发挥北京照明学会的专家作用，使我们北京城市的景观照明建设确确实实有了大的进步。不仅具备了相当的规模，而且通过规划形成了完整的体系；不仅完成了繁重的建设任务，而且涌现出一批优秀作品和精品项目。特别是在2008奥运会期间，在2009中华人民共和国成立60年大庆期间，北京的夜景照明品质有口皆碑，大大提升了首都城市的形象，对全国城市照明也起到了引领的作用。这些都凝聚着北京照明学会大旗之下所有科技人员的心血和劳动。我觉得他们主要做了这么几项工作。

第一，他们通过学会的刊物《照明技术与管理》，宣传贯彻党和政府的科技方针政策，及时报导国内外先进的照明技术和照明科技动态，发布照明行业各个领域最新照明科技成果，交流照明专业工作经验，普及照明基本知识，推广照明新技术、新产品、新设计，介绍学会和国内外照明学术组织的活动。在促进我国，特别是首都照明科技事业的发展中，起到了引领的作用。

第二，北京照明学会的专家、学者配合市市政管委的工作部署，就北京市地方标准《城市照明技术规范》、《北京市夜景照明总体规划》、"照明节能"、"照明安全"，等等，及时开展了大量的讲座和培训。使北京市的各个照明企业在其专业技术上都有了很大的提高，为北京的照明建设队伍专业技术水平的提高，以及各区县城市照明主管部门的管理人员专业素质的提升都发挥了很大的作用。

第三，学会的专家协助市政府对北京市一些重点部位夜景照明项目进行了审核把关或论证。这主要体现在对北京市长安街及延长线所有建筑物夜景照明项目方案的评审和审定。在评审、审定过程当中，专家们提出了许多非常好的修改意见，并对很多方案直接进行了优化，使其品质和技术含量都得到很大的提高，使长安街的夜景照明与"中华第一街"这个地位相称！

第四，围绕迎接2008北京奥运会，北京市对城市的一些重要节点直接进行了夜景景观的项目建设，依靠北京照明学会这支专家队伍，从项目的招标到项目的启动，从项目的施工调试到项目验收，进行全过程的技术把关。他们对北京市几十甚至上百个重要的建设项目，分别多次亲临现场，直接进行技术指导，使这些项目从设计创意、灯具选型和布光、线路敷设、接地安全到建筑美学和景观塑造等方面，高质量地按时完成。每年国庆节和元旦、春节到来之际，我们市政府都能给市民推出夜景照明亮点，来满足广大市民对城市夜景的欣赏需求。

在此基础上，北京照明学会还及时开展夜景照明优秀设计评选活动，通过期刊或报告把一些优秀的项目及时地向全市推广，甚至可以向全国推广。不仅展现了我们北京夜景照明一些好的项目，还带动了全行业的发展和提高，也为政府进行城市夜景照明建设提供了更加优质的广阔的发展空间。

第五，北京照明学会的专家，还直接对北京市城市夜景照明的重要项目进行巡查和技术检测。比如2008年奥运之前，为了确保城市夜景照明设施的安全运行，北京照明学会组织了大批的技术专业人员，对长安街数以百计的建筑物夜景照明项目，逐一进行了一次安全大检查，发现、梳理安全隐患，配合责任单位进行整改，确保了平安奥运。之后，组织北京照明学会专家定期对政府直接建设的夜景照明项目进行照明效果和照明安全的技术巡查，已成为一种常态。他们不管春夏秋冬始终坚守，为北京市夜景照明作奉献。

第六，北京市照明学会通过《北京城市照明标准体系研究》，为北京市城市照明行业技术标准体系的建立作出了重要的贡献。该技术标准体系，包含技术标准和管理标准，涉及照明工程项目的招投标、规划、设计、施工、验收、管理及运行等方面。技术标准共20多个，包括设计标准、照明设备标准、安全标准、能效标准、环境标准等。其中，有的标准作为北京市地方标准已完成编制，作为地方技术性法规，为北京市今后城市照明的发展提供了有效的支撑，奠定了良好的基础。更值得一提的是有的标准已上升为国家标准。

总之，北京照明学会为北京城市照明的建设和发展，发挥了重要的不可或缺的作用，作出了巨大的贡献。改革永远在路上，北京正在向和谐宜居的国际一流的大都市迈进。在北京照明学会成立四十周年之际，希望北京照明学会百尺竿头、更进一步，在北京城市照明建设中发挥更大的作用！

祝北京照明学会越办越好！

贾建平　曾任北京市市政管理委员会夜景照明处处长，北京照明学会第六届副理事长。

记忆长安街
——北京照明学会40年庆生随笔

戴德慈

还记得第一次从长安街穿过那是五十四年前，是清华接新生报到的校车从北京火车站出发驶入长安街。不知是谁在车上说了句"上长安街啦"，这时我第一次离家乘火车日夜赶京的疲惫立刻荡然无存，瞪大了双眼，歪着头从车窗里向外看。由东单向西单的十里长街上，璀璨的华灯、延绵的红墙、雄伟的天安门、庄严的大会堂、巍峨的人民英雄纪念碑、硕大的广场和多姿的建筑从我眼前一一掠过，那一刻别提有多兴奋！但当时绝没想到在后来的若干年里我能和北京照明学会的前辈们和朋友们一起，与长安街——"中华第一街"结下不解之缘！

评审方案

记得1997年初的一天，我听詹庆旋教授说，北京照明学会前不久开了会，肖老（时任副理事长的肖辉乾教授）传达了北京市市政管委关于在"七一"前要提高、改善天安门和长安街夜景照明的会议精神。下一段，学会将负责天安门及长安街的建筑物夜景照明的方案评审工作，据说十里长街有80多个方案要审。那以后，我接到肖老和学会办公室的通知，参加了其中几次评审会。记得出席评审会的常有肖老、张绍刚教授、詹庆旋教授、王谦甫总工以及北京市规划、古建、园林、美术等方面的老前辈、老专家。有一次，我还第一次见到了仰慕已久的"敦煌之花"常沙娜教授（清华大学校友，我国著名的艺术设计教育家和艺术设计家、中央美术学院教授），她儒雅大美、风度翩翩。老专家们在评审会上对夜景照明设计方案进行点评时，那种对夜景照明总体定位的把握，对建筑物性质、特征、风格及其环境的分析，以及为获得最佳照明效果而对照明方法的拿捏，使我沉浸在了浓浓的学术氛围和艺术享受之中，真是受益匪浅！

"七一"到来，我和同事们在天安门广场庆祝香港回归，到国家博物馆参观"国旗展"，登天安门城楼拍照留念。当我在城楼上饱览天安门广场，眺望东西长安街时，心里美极了！

研讨指标

1998年底、1999年初，北京照明学会受市市政管委的委托，为迎接国庆50周年，组建了14人的专家组，还接到了市管委的聘书，又一次参与审查天安门广场和长安街及其延长线的建筑物夜景照明方案。记得专家组在肖老的带领下，多次研讨天安门广场内建筑物的平均亮度分布指标。最终确定，人民英雄纪念碑、天安门、人大会堂/历史博物馆、毛主席纪念堂的亮度比为2∶1∶0.8∶0.6。在实施中，天安门周边的建筑物夜景照明设计严格执行了该指标，其合理性也得到了实际照明效果的验证与认可，一直被延续至今。这种整体考虑区域内建筑群夜景照明亮度分布的设计方法，在当时属国内首创。

创作夜景

同样在1999年，由詹庆旋教授领衔，我院承接了毛主席纪念堂夜景照明改造工程。纪念堂在天安门广场是体量最小的建筑，但她是天安门的对景和国庆盛大联欢晚会的背景，出现电视画面最多。

不做夜景照明工程不体会，当你仔细端详建筑物时，你才会发现天安门广场上的每栋建筑都堪称举世无双！由两层正方花岗石台基烘托、宏伟柱廊环绕、双重琉璃屋檐收顶的毛主席纪念堂具有十分严谨对称的体型。红色的花岗岩台基、洁白的汉白玉栏杆、金黄色的琉璃屋檐、葵花浮雕的上层檐板、松柏花环浮雕的下层檐板，以及南北入口宽阔台阶上的石雕垂带等都是该建筑物独特风格的最好体现。照明设计师是对建筑的再创作。夜景照明设计方案以暖黄色光为基调（色温3000K以下），不仅与纪念堂外饰面的色彩相协调，而且充分表达了纪念堂的宏伟、端庄和亲切感，以及极具民族特色的建筑形象，并能更好地衬托以白色光为主的人民英雄纪念碑。此外，合理的布灯方案；安全隐蔽的线路敷设（建筑没打一个洞、没伤一根钢筋、没破一块砖、没穿防水层）；高可靠性并尽可能利用原有设施以节约投资的供配电系统等，都是该工程荣获1999年北京市城市夜景照明工程评比特等奖的特点所在。

二十年过去了，每当我想起和纪念堂的朋友们钻屋架、爬楼顶、下配电房、穿柱廊、蹲台基，以及在夜幕下坐在天安门广场上进行试灯调光的情景时，感到无比欢畅和欣慰。

调研夜景

2002年，肖老多次召集会议布置对长安街及其延长线进行夜景照明现状的检查与调研。这次任务是大北窑至公主坟，全长约13.5公里，160余栋建筑物，要求必须给每栋建筑物的夜景照明拍照和记录。我们分为几组。我的任务是从公主坟到复兴门。为此，我特地购买了一款佳能相机。儿子儿媳担心我夜晚在马路上拍照不安全，非要跟我去拍。为了取得较好的夜景效果，我们太阳未西下就到达长安街，先找个快餐店吃晚饭，等到夜幕降临前就拍照。一边走一边找最佳角度、一边拍一边记。有的建筑拍得不满意后来又去了一趟。然后汇总到学会王大有秘书长那儿，形成图文并茂的调研报告，上交市管委。

这次步行拍照，使我对长安街沿线的建筑印象深刻。之后留下了"职业病"，不管白天和夜晚，只要上了长安街，就会左顾右盼，既赏景又挑毛病。赶上节日，有时还会和儿孙特意去逛一趟长安街。今年端午节，儿子还带我上了国贸三期80层看长安街夜景，由于站位太高，长安街夜景视距较远，但也足矣！

规范与规划

2004年3月我担任学会理事长，赶上了迎接"2008北京奥运会"及国庆60周年难得的历史机遇，夜景照明要"上精品"的呼声在业内外都很高。学会常务理事会一致认为，北京夜景照明要"上精品"，当务之急是做好两件事。一是"规范"，二是"规划"。学会一定要配合市管委有所为。

2004年10月学会向北京市市政管委提出《关于制定"北京市城市夜景照明技术规范"地方标准的建议》，记得当我和大有秘书长找到北京市市政管委夜景照明管理处的贾建平处长，向他说明学会的建议时，贾处十分重视。在市管委的支持下，2005年2月学会就正式启动了《城市夜景照明技术规范》地方标准的编制，由大有秘书长执笔，编委会一班人齐心协力，确保了该规范的编写质量，并显示了北京照明学会专家队伍的整体优势和办事效率。应该说，这部规范是北京照明学会十多年来积极参与北京城市夜景照明建设集体智慧的积淀与结晶。2006年4月该规范顺利通过由北京市质量技术监督局和北京市市政管理委员会组织的专家审查。

同时，关于"北京城市夜景照明总体规划"的编制单位，我们也多次向贾建军处长建议，城市夜景照明规划是城市规划层面的专项/专业规划，一定要由具有城市规划资质的设计单位来做，贾处非常认可。2006年下半年，我和学会其他专家几次应邀参加了市管委组织的"北京中心城区夜景照明专项规划"评审会。专家们从规划指导思想及原则、总体构架与层级、照明指标控制等方面对规划提出许多具体修改意见与建议，为这部高水准的北京城市夜景照明规划贡献了集体智慧。

可以说，《城市景观照明技术规范》与"北京中心城区夜景照明专项规划"这两部文件，对日后北京城市夜景照明建设，发挥了重要的指导作用。

雕琢精品

长安街的夜景照明是北京照明学会永恒的课题。为迎接2008北京奥运会，北京市对长安街等重点路段进行了综合整治，包括清退红线、拆除围挡、增设绿地小品、规范牌匾标识、精品夜景照明等。北京照明学会专家的照明咨询活动，则从最初的设计方案评审扩展到去现场参加工程试灯与调光、照明效果评价和照明工程验收等。这期间，肖老、詹教授、赵建平、王大有、邴树奎、屈素辉、孙维恂等一批专家常常在夜晚行人稀少时活动在长安街，那一幕幕场景至今历历在目。

他们曾在人民英雄纪念碑前，为首次在纪念碑碑顶增设了特制照明灯具、碑体采用陶瓷金属卤化物灯等高效投光灯具、调整布灯方案、降低用电量40%、提高了人民英雄纪念碑的整体照明效果进行验收；曾多次登上天安门城楼，为抑制城楼眩光的灯具及布灯方案，见证实测数据和进行满意度评价；曾在国华电厂200多米高的大烟筒旁，对灯光投影的光色、亮度和图像，进行整体效果评价与出谋划策；曾多次与市管委领导一起乘专车，在长安街及其延长线和奥运核心区等重点区域视察夜景照明、评价照明效果……

回首往事，为了首都多出夜景照明精品，提升北京城市品质，打造具有北京特色的一流的国际大都市形象，学会的专家和企业会员们二十多年来在长安街上挥洒热情和汗水，倾注了一届又一届照明科技工作者的心血和智慧。

"导游"夜景照明

2007年7月5日，国际照明委员会第26届大会在北京召开。这是国际照明界的大事，更是中国照明界的盛事！为迎接CIE大会第一次来到中国，受大会中国组委会委托，北京照明学会负责安排来自42个国家和地区的来宾参观北京夜景照明。

为此，北京照明学会协助北京市市政管委召开专门会议，确定在CIE大会会议期间北京市将按重大节日模式开灯，并拟定了代表参观北京夜景照明的路线，研究了参观过程的安全保障等具体措施。

7月7日晚八点，我、王大有、邴树奎、汪猛、赵建平、屈素辉、李农、徐华、李铁楠和荣浩磊等副理事长、副秘书长及专委会主任一行十人分别登上十辆参观大巴车，当起了"导游"，向各国代表介绍北京城市夜景照明和我国首都北京的历史文化，并回答代表的提问；王晓英、张宏鹏、李陆峰为后备"导游"，每辆车还配有两名志愿者做英文翻译；为所有代表提供了学会的刊物《照明技术与管理》，专题介绍北京城市夜景照明。当参观车由西向东在长安街上徐徐行进，我们向代表们简介一个个景点时，国外的代表异常兴奋，我们也非常自豪！

建言奥运照明安全

2008年1月22日，根据常务理事会的决定，为防止因夜景照明设施引发安全事故，确保奥运期间北京市夜景照明设施的正常运行和奥运安全，我和王大有、张宏鹏等起草了向首都城市环境建设管理委员会照明处提交的《关于开展城市夜景照明安全保障工作的建议》。建议在奥运前对北京市城市夜景照明工程，特别是长安街沿线和各奥运场馆周边工程，进行安全大检查，并提出检查内容、技术要求和具体检查方法。

此建议契合国务院和市政府关于"办好平安奥运"的总要求，很快得到市市政管委贾建平处长的采纳，市市政管委5月9日下发了市政管发〔2008〕169号《北京市市政管理委员会关于开展城市夜景照明设施安全检查工作的通知》红头文件，要求重点检查涉及人身安全和设施正常运行的隐患。北京照明学会成为市市政管委该项工作不可或缺的技术支撑单位。学会的张秋燕同志为各责任单位自查表上报到市市政管委的联系人；文件中所附《城市夜景照明安全保障检查表》为北京照明学会协助市市政管委编制；学会组织专家承担了安全检查组的工作。

北京照明学会历来具有发挥整体优势大兵团作战的经验，根据管委照明处要求，我们迅速组织了三个检查小组，同时分段对长安街及其延长线的建筑进行夜景照明安全检查。学会施工照明专委会和照明设计专委会给予了大力支持，徐华、邝树奎、张宏鹏、萧宏、郑爱民、郭利平等同志都是从百忙中挤出时间来参加。每到一处我们访问单位责任人，查配电/控制箱，查管路敷设，查接地装置、漏电保护装置，查灯具安装，查维护管理记录等，在建筑物内外爬上爬下，连续作战，终于在六月底前全部完成了检查，各责任单位边查边整改，根除隐患，从北京市夜景照明一方确保了平安奥运。

甘当"照明卫士"

北京照明学会对长安街的夜景照明建设有一份责任，更有一种情怀。据我所知，自2005年学会与市市政管委签订了"长安街夜景照明效果巡视检查服务协议"以来，学会的同仁们十几年如一日，负责对长安街及其延长线及重点地区夜景照明在平日、节日、重大节日时的照明效果进行巡查，各有关会员单位给予了积极配合，巡查结果以照片、录像形式记录并整理上报市管委，为夜景照明设施运行管理质量提供第三方评价资料，并应市管委要求开展相关情况通报和培训。他们一年四季不辞辛苦，越是过节、越是北京有重要活动越要巡查，各有关项目越要及时维护。他们一直坚持到现在！在首都北京向全国、全世界展示其特有的国际大都市形象时，又有谁能想到在长安街上有这么一批高素质的照明卫士！

※　　※　　※

几十年来，长安街随着祖国前进的步伐不断在变，曾经是元大都沿城根穿越的一条顺城街，在新中国成立后特别是改革开放后，从十里延变为百里长街；从没有夜景照明，变为具有高品位的夜景照明。她变得越来越美！而北京照明学会是她变迁的见证者和参与者，我也作为其中的一员有幸陪着她一起走过！

记忆长安街，起初是为了完成学会交办的一个任务，那就是在北京照明学会庆生四十周年之际写点什么与同仁们分享；记忆长安街，回味与大家一起在这条街上洒下的汗水和留下的足迹，收获的是满满的快乐与幸福！

在此，顺祝北京照明学会的老前辈和全体同仁身体健康，吉祥如意！愿北京照明学会不断超越自己，向着首都北京美好的明天、向着祖国照明科技的春天再出发！

戴德慈　曾任北京照明学会第四、五届副理事长，第六届理事长。

记北京照明学会LOGO的诞生

徐华

为了展示北京照明学会形象、宣传北京照明学会文化，提升大众对北京照明学会的认知度，北京照明学会决定设计自己的LOGO并正式对外发布，这是十分有意义的。2019年是北京照明学会成立40周年，回顾北照LOGO的创意过程和网站的建立，经历的过程值得纪念。

2005年北京照明学会响应北京市科协的号召，为培养青年科技工作者，在戴德慈理事长和王大有秘书长指导下，由徐华、张秋燕筹建青年工作委员会，并于当年6月30日在清华大学建筑设计研究院成立了第一届青年工作委员会，徐华任主任，李铁楠、宁华任副主任，张秋燕任秘书。青年工作委员会工作计划中，有一项重要工作是发挥青年工作者的优势，协助学会建立学会网站。在学会网站创建过程中，大家感到，为了学会形象的需要，网站需要学会有一个LOGO，为此，决定发挥学会会员的力量，在会员单位中征集方案。这一提案得到了清华大学建筑设计研究院、北京平年照明技术有限公司、北京工业大学等会员单位的热烈响应。

清华大学建筑设计研究院创作了4个方案，见下图。

方案1　　　　　方案2　　　　　方案3　　　　　方案4

北京平年照明技术有限公司共创作了8个方案，见下图。

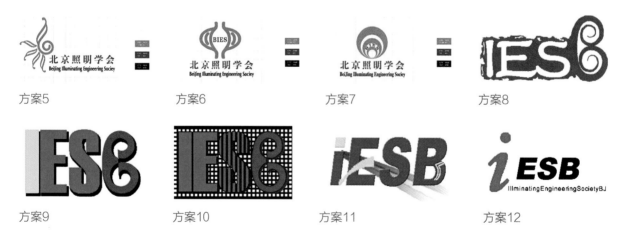

方案5　　　　　方案6　　　　　方案7　　　　　方案8

方案9　　　　　方案10　　　　　方案11　　　　　方案12

北京工业大学创作了4个方案，见下图。

戴德慈理事长主持理事长办公会对这16个方案进行了评选，最终一致认为，方案各有千秋，但对北京照明学会的形象把握还有些欠缺，需要进一步综合，但是由于大家都很繁忙，就搁置了下来，当时网站已经申

方案13　　　　　　　　方案14　　　　　　　　方案15　　　　　　　　方案16

请，急于上线，就由清华大学建筑设计研究院简单综合一下，把网站上线了，综合结果和初步网页见下图。

尽管是临时性的方案，但一直沿用，后来网站内容更新较少，以至于知道北照LOGO的不多。2017年初，我和王政涛秘书长与北照环境艺术专业委员会联系，委托牟宏毅发挥环境艺术委员会和中央美术学院的优势，综合借鉴以前的成果，重新设计北京照明学会的新LOGO，并于2017年5月16日正式发布。新LOGO见下图。

北京照明学会LOGO设计理念：

北京拥有悠久的历史文化，因此从北京丰富的文化背景出发，选取世界文化遗产——天坛为主元素；

结合现代绿色低碳节能理念，太阳升起和灯光照射发散的效果；

IESB为北京照明学会的缩写。

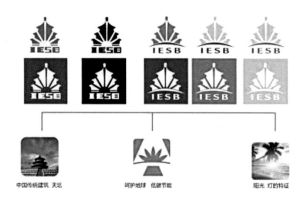

颜色采用蓝色、绿色、黄色，蓝色表示豁达、沉稳、博大胸怀，永不言弃的精神，给人以信任感；

绿色代表健康环保；

黄色代表大自然、阳光、春天的含义，给人以温暖光明。

将这些元素通过现代的扁平化设计，创造出一个富有极强的文化色彩、可展现绿色现代生活、充满温暖大气设计理念的标志。

LOGO发布后，得到大家的喜爱。

徐华　曾任北京照明学会第六届副秘书长，第七、八届副理事长，现任北京照明学会理事长、清华大学建筑设计研究院电气总工程师。

北京照明学会发展壮大的带路人
——记几位北京照明学会理事长

王大有

北京照明学会成立四十年来，有张力之、王时煦、吴初瑜、肖辉乾、戴德慈、汪猛、华树明、徐华等八位同志担任学会理事长。北京照明学会理事长是学会法人，是学术带头人、发展壮大的带路人，是执行学会理事会决议、制定相应策略方法的决策人。

1998年到2016年，我在北京照明学会办公室做专职工作十八年，在第四届理事长吴初瑜领导下担任副秘书长（1998年在白光宇秘书长去世后代理秘书长），在第五届理事长肖辉乾、第六届理事长戴德慈领导下担任副理事长兼秘书长，在第七届理事长汪猛、第八届理事长华树明领导下担任副理事长。

在吴初瑜、肖辉乾、戴德慈三位理事长的任职期间，我有幸做学会的专职秘书长工作。对三位理事长的开拓创新、无私奉献、身体力行、有所为有所不为的领导作风，科学严谨的工作作风、技术能力和对学会的贡献深有体会：他们在其本单位都是本单位及技术部门领导，在学会是社会兼职，不领取任何报酬。在完成本职工作的基础上，他们还要带领学会理事会及全体会员为繁荣北京照明事业而努力工作。三位理事长的共同特点是：

热爱照明事业、热心社会公益服务事业、无私奉献；

坚持改革开放、开拓创新；

不断完善学会民主办会、自强自立、自主发展的能力和制度；

充分发挥、调动学会的学术和人才优势，强化服务意识，拓宽服务领域；

对科学技术精益求精、一丝不苟，对工作以身作则、任劳任怨；

注重培养热心社会公益事业年轻人、创造机会培养学会接班人；

平等待人，关心、理解、指导、帮助学会办公室人员开展工作。

北京照明学会在他们的任期内，学会整体学术水平、会员凝聚力、自主发展能力、社会影响力、社会知名度以及照明专家在城市照明建设中发挥的作用等方面得到不断的提高、上升，为北京照明学会的可持续发展打下了坚实的、良好的基础。他们在卸任后，仍十分关心北京照明学会的发展，热心支持北京照明学会在任理事长，继续为学会的发展做了大量有益的工作。

下面仅对三位理事长各自开拓创新的主要亮点，择要简述如下。

一、吴初瑜教授开拓创新的主要内容

1. 完成学会自我生存的转型

改革开放前，北京照明学会的一切办公费用、人员工资等全部都由挂靠单位——北京电光源研究所承担。改革开放后，北京照明学会的办公、房租、水电、工资等所有费用均需自收自支。面对北京照明学会的生存危机，吴初瑜理事长根据北京市工厂企业的需求和学会的技术优势，提出为企业照明节能改造服务，推广照明节能产品。吴初瑜理事长和白光宇秘书长带领学会办公室成员和相关专业委员会委员，深入工厂车间宣传照明节能效果、推广照明节能新产品，在调研现状的基础上为企业提供照明改造设计方案。

联系生产厂家为工厂实现照明节能改造，解决了学会的办公经费，逐步积累了资金，奠定了自力更生、自我完善、自主发展机制，开始向自我生存转型。

2. 首创学会为城市照明服务，提高了照明专家的社会认知度

吴初瑜理事长与肖辉乾副理事长响应北京市政府"让北京亮起来"的号召，开创了为市政府服务、为市政建设服务的技术咨询、技术服务工作。肖辉乾副理事长和白光宇秘书长按照吴初瑜理事长的要求，对北京夜景照明现状进行深入细致的调查研究，起草了《关于北京城市夜景照明总体规划和实施方案的建议》并报送市政府，引起市领导的重视并作了批示。为香港回归、国庆50周年，带领学会照明专家和科技人员，配合天管委、市市政管委为北京城市夜景照明建设做了大量工作，在经济上也得到市市政管委的大力支持。北京照明学会被首都精神文明建设委员会授予"首都文明标兵"称号，获得国庆50周年指挥部颁发的"后勤保证、有力及时"的奖状。

通过为企业和市政建设服务，学会的账面资金从1989年2万元提升到1999年的93万元，经济效益大幅提升，形成了较为完善的自我发展机制。

3. 卸任后，根据市场需求，适时提出并解决业内多项技术热点、难点

例如：组织照明节能新技术、新产品的探讨研究，推广节能型电感镇流器；针对北京农村太阳能路灯推广应用中存在问题，向北京市科委建议：由北京照明学会组织相关部门，编写了北京市地方标准：《太阳能光伏室外照明装置技术要求》DB11/T 542-2008；针对农业照明的需要，组织协调相关部门与北京照明学会共同组建了北京地区的农业照明委员会。

二、肖辉乾教授开拓创新的主要内容

1. 开创我国区域间照明学会团结合作、共同发展的先例

为促进照明事业的发展，2001年肖辉乾教授向上海、天津、重庆等照明学会发出倡议：每年定期召开四直辖市照明学会的学术和工作交流会，得到其他三个直辖市照明学会的积极响应，形成具有较大影响力的、开展学术交流和学会工作交流的"四直辖市照明论坛"。每年在各直辖市轮流举行，至今已坚持了16年，提升了北京照明学会在业内的影响力。

2. 城市照明建设的全过程服务，有良好的示范作用

在上一届为城市照明服务工作的基础上，通过技术讲座、科普宣传对市政管理人员普及夜景照明的基本理论知识、要求及实施手段等；完善细化了照明学会为北京城市照明建设从设计、审批、实施到验收的全过程技术服务的内容与措施；由肖辉乾理事长任主编、北京照明学会和北京市市政管理委员会共同编写的《城市夜景照明技术指南》由中国电力出版社出版发行（该书获得2007年"中照照明教育学术奖"的二等奖）；2004年10月提出制定"北京城市夜景照明技术规范"建议。

这些措施促进了具有北京特色的城市夜景照明体系的形成，对全国城市照明建设具有良好的示范作用。

3. 坚持民主办会并完善了相应措施

定期召开理事长办公会和老科技工作者联谊座谈会；不定期召开团体会员座谈会和走访团体会员单位。充分调动了广大会员的积极性，在学会会员中形成了学会事情共协商、群策群力谋发展的民主班会的氛围，提高了学会的凝聚力。

4. 卸任后，时刻关心学会发展，对学会杂志《照明技术与管理》悉心指导，长期关心编辑出版工作，坚持给学会杂志提供精美的夜景图片。

三、戴德慈教授开拓创新的主要内容

1. 在照明界首次开展"北京市优秀城市夜景照明工程设计"评奖活动

全国照明界首次由照明学会对"北京市优秀城市夜景照明工程设计"进行评奖活动,每两年进行一次。该评奖活动对城市夜景照明的照明效果、艺术、技术水平的提高起到极大的推动作用,并对全国有较大的影响和示范作用。

2. 承接城市夜景照明设施安全检查

为确保首都重大政治、重大庆典活动中北京城市夜景照明设施的照明效果和安全运行,带领学会相关专家定期对夜景照明运行检查巡视。夜景照明设施的安全检查是首都夜景照明良性发展的重要保障。

3. 组织编写北京城市夜景照明技术规范,首次由照明学会编写照明科普读物

领导北京照明学会地方标准编写组成员,完成"城市夜景照明技术规范"系列标准的编写工作。2006年11月,北京市质量技术监督局发布了DB11/T 388.1-8——《城市景观照明技术规范》系列标准,于2007年1月实施(该书获得2007年"中照照明教育学术奖"的二等奖)。

2006年10月由戴德慈理事长任主编、北京照明学会和中国照明学会合作编写《绿色照明200问》项目启动。

2008年9月《绿色照明200问》由中国电力出版社出版发行(该书获得2007年"中照照明教育学术奖"的一等奖)。

4. 卸任后,协助北京照明学会与北京市科委、北京市节能中心建立联系,并在其"推广照明节能产品"等工作中,承接资料收集、调查研究、效果验收等技术咨询、技术服务工作。

综上所述,三位理事长是我们学习的榜样。

学会要发展、要壮大,必须坚决贯彻党的基本路线、方针、政策,牢固树立并强化为会员、为企业、为市政建设服务意识。

"政策路线确定之后,干部是决定因素"。

强有力的理事会领导班子是学会工作的保证。理事长是关键,他是业内公认的、热心社会公益事业、有一定学术水平、领导能力较强的学术带头人,是持续发展的领路人,是执行学理事会决议、制定相应策略方法的决策人。在具有开拓创新、吃苦耐劳、协调组织能力强、懂规矩、守纪律的秘书长的紧密协调配合下,就能带领学会理事会成员充分调动发挥学会全体会员的积极性,为北京的照明事业努力奋斗,从而保证北京照明学会永远健康、有序、持续地发展壮大。

王大有 曾任北京照明学会第四届副秘书长,第五、六届副理事长兼秘书长,第七、八届副理事长。

学会必须坚持把为企业服务作为工作重点
——论北京照明学会实施"金桥工程"的体会

姜常惠

北京照明学会是经北京市民政局批准注册的具有独立法人资格的学术性群众团体。是党和政府联系全市广大照明科技工作者的桥梁和纽带;是以经济建设为中心,开展学术交流活动,努力为企业服务,推动北京照明事业不断发展的重要社会力量。

北京照明学会自成立以来,始终坚持为经济建设服务的大方向。记得1991年北京市科协组织实施"金桥工程"计划,提出学会工作要为企业搭桥,做好技术咨询和技术服务,把先进的科学技术转化为生产力。北京照明学会根据市科协的要求组织广大照明科技工作者对企业车间照明现状进行深入调查研究,一致认为北京大部分是在20世纪五六十年代建设的老企业,车间照明基本上都是使用高耗能的汞灯和大功率白炽灯,车间照明的平均照度仅有几十个勒克斯,既影响工人的操作又不安全。学会结合调研的实际情况,提出了"以提高照明质量,改善照明环境,节约照明用电"为中心,推广使用国内先进的、发光效率高、寿命长、显色性好的新光源——金属卤化物灯及其配套的灯具与电器,对老的车间照明进行改造,以此作为实施"金桥工程"的主要内容。并有计划地组织试点,总结经验以点带面,经过不断的宣传推广工作,效果十分明显,得到了企业和工人的认可,从而使车间照明改造形成了高潮。学会先后为北京内燃机总厂、北京轻型汽车有限公司、燕山14万吨乙烯工程、国营二三九厂、森德散热器公司、北京仪器厂、中国历史革命博物馆等近50家企业和展馆完成了照明改造,同时还把推广应用工作延伸到外省市的哈尔滨国家岗飞机场、齐齐哈尔钢厂、石家庄车辆厂、潘家口蓄能电站、呼兰钢厂等十余个城市。

据不完全统计,从1991~2002年的十余年间,共计实施"金桥工程"70余项,完成车间及展厅照明改造面积10余万平方米,推广应用175W、250W及400W金属卤化物灯约5000套,改造原车间及展厅的平均照度由原来的不足100lx,提高到300~400lx,并节约照明用电30%~40%,每年可为国家节电60万kW·h。

例如:1992年为北京内燃机总厂内燃机生产线的2200平方米的车间进行改造,共使用250W金属卤化物灯607套,改造后车间平均照度达到350lx,受到工人的好评。

又如:1993年应中国革命历史博物馆的邀请,为该馆15000平方米的展厅进行照明改造,用175W金属卤化物灯1500套代替大功率白炽灯,改造后展厅平均照度达到300lx,而且灯光的显色性能好,使展品保持原有的本色。

再如:1993年应黑龙江省齐齐哈尔钢厂的邀请,为该厂5500平方米的钢坯车间进行照明改造,因厂房高大,我们选用400W金属卤化物灯90套代替原有的130只1000W大功率白炽灯,不但总功率减少了55%,而且改造后车间的平均照度由原来的130lx提高到250lx,照明条件有了较大改善。齐齐哈尔《鹤城晚报》以"齐钢有了小太阳"为题,齐齐哈尔日报以"金属卤化物灯新光源将在我市推广应用"为题,分别进行报导,齐齐哈尔市科协抓住这个典型,立即决定与北京照明学会联合在齐钢召开现场会,在全市进行推广,之后齐齐哈尔锅炉厂、齐齐哈尔木器厂和齐齐哈尔猎枪厂接连进行了车间照明改造。

十余年来实施"金桥工程"不但给企业带来了较好的效益,学会也获得了多项荣誉称号。

（1）北京市科协从1992~2002年的十年为北京照明学会颁发"金桥工程"项目一等奖的一项，二等奖的二项，三等奖的二项。

（2）1999年首都精神文明建设委员会授予北京照明学会"首都文明单位标兵"称号。

（3）2000年北京市民政局、人事局和社团办授予北京照明学会"北京市先进社会团体"称号。

学会十余年来在实施"金桥工程"为企业服务工作中能有所收获，最深刻的体会有三点：

第一，学会必须有一个业务精、干实事的领导班子，能把开展学术活动与经济建设紧密结合起来；能把企业生产中的难点作为学会工作的重点；能把广大照明科技工作者组织起来，充分发挥他们的智慧和才能。

第二，在实践中要不断总结经验，以点带面。十年来学会分别在北京仪器厂、国营二三九厂、齐齐哈尔钢厂、哈尔滨市科协等单位共召开五次现场推广应用会。那些改造的典型事例深受广大参会者的好评，从而为"金桥工程"的顺利开展打下了良好的基础。

第三，新闻媒体的宣传报道产生了巨大的社会影响，从下到上（企业→科协）、从内到外（北京→外省市）对新光源有了新的认识，为在行业内的推广应用起到了很大推动作用，几年来曾有北京日报、北京晚报、北京科技报、中国科协报以及外地的齐齐哈尔日报和鹤城晚报等多家媒体对北京照明学会实施"金桥工程"的事迹进行多次报导。

北京日报——《北京照明学会帮企业"发光"——协助十七家企业完成照明工程改造》；

北京晚报——《科技威力无穷——老厂光源改造获最佳效益》；

北京科技报——《进入经济建设战场——记为工业厂房照明改造服务的北京照明学会》；

中国科技报——《节能、创收——北京照明学会实施"金桥计划"侧记》；

齐齐哈尔日报——《金属卤化物灯新光源将在我市推广应用》；

鹤城晚报——《齐钢钢坯车间有了小太阳》。

姜常惠　曾任北京照明学会第三届副秘书长，第四届常务副秘书长。

地标精神
——北京奥林匹克塔夜景照明设计

荣浩磊

在北京照明学会成立四十周年之际，回顾我们和学会一起走过的成长路以及在北京市夜景照明建设中留下的足迹，真是感慨万千！我们做过的北京地区甚至外地的不少城市的夜景照明规划和建筑物夜景照明工程，都得到学会许多专家的指导。北京奥运瞭望塔及五环标识夜景照明设计就是其一。

受世奥森林公园开发经营有限公司委托，我院承接了为冬奥提升北京奥运瞭望塔及五环标识夜景照明效果的设计任务。北京照明学会专家汪猛、徐华、李铁楠、王大有、徐长生等，对瞭望塔及五环标识夜景照明效果提升方案进行专业的评审，并就方案的细节优化提出了许多宝贵的指导建议。

一、项目简介

北京奥林匹克塔建筑是总高度246米，是京北片区第一高塔，区域地标地位十分显著；无论是从机场驶来的五环路，还是从景山北望的中轴线，奥林匹克塔都以其现代、傲立的姿态直入眼帘。视看条件极佳，城市各尺度观看都具备高辨识度。

本次照明提升的关键点是：整体效果、纵向亮度、色彩调和，提升定位为"平日优雅凸显，节日引领风范"。

视点分布图

提升后效果：平日从环境中优雅地凸显

二、设计理念

1. 基础与演绎结合，适合各类需求，兼顾节能

在平日基础模式下，奥林匹克塔身投光与点屏的配合，呈现的是纯净白光的姿态，从周围颜色多姿的环境中优雅凸现，整体亮度提升。

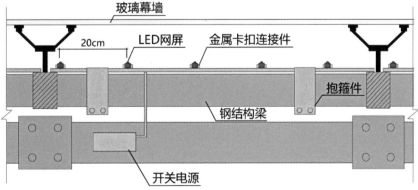

演绎模式下，为了传达冬奥契机，向国际展示运动精神、大国风范、建筑特征等文化内涵，照明分为四个主题来演绎。四大主题传达文化经典：冰雪璀璨、奥运五环、生命之树、传统京韵。

冰雪璀璨：雪花飘落，星光汇聚，拉开冬奥序幕，五彩色块寓意运动速度，光与雪花以不同的速度从塔身滑过，传递着更高、更快、更强、公平、公正、平等、自由的奥运精神。

奥运五环：夜色中，五个不同高度的塔身分别呈现奥运五环的不同颜色。它们互相交融，依次变化，成为奥运事件的纪念亮点。

生命之树：建筑师的原创理念是生命之树的形态。通过塔身点屏与塔冠投光的配合去展现藤蔓生长、叶片飞舞的唯美画面，用白色光和浅绿色光之间的动态交融去再现生命源生过程。

传统京韵：京剧脸谱、北京角楼、故宫飞檐、老北京兔爷等传统元素蕴含着浓浓的北京味儿，表现传统，文化宣示，是为了更多地契合国事活动和"全世界看首都"的精神需求。

周一~周五：18:30~20:00；
周六日+假日：18:30~20:00；
庆典活动：18:00~20:00播放

周一~周五：18:30~20:00；
周六日+假日：18:30~20:00；
庆典活动：18:00~20:00播放

周一~周五：19:00，20:00整点播放10分钟；
周六日+假日：19:00，20:00，21:00整点播放15分钟；
庆典活动：19:00~20:00播放

形象提升：场景模式（满足分时段、分需求的不同景象）

2. 东方色彩，雅致视觉更吻合中式审美

为改善奥运区域争奇斗艳的局面，塔身作为最高地标，色彩的使用应节制，传统绘画讲"调和色，低饱和，高级灰"，更趋和东方审美，本次提升要求色彩韵味要往此达成。

通过对灯具RGBW设定亮度比率，以及对塔身使用的LED点光源灯具提出芯片位数（12bit以上）、帧刷新频率、灰度刷新频率、伽马校正、起灰值等参数要求，以保障多个主题模式的画面流畅度和色彩丰富性，并通过灯具的效果、光学检测，为确保产品质量和效果品质保驾护航。

三、技术创新

1. 精准投射，避免逸散，绿色高效

（1）塔身立面：塔身周边设置8组灯杆，每杆20盏极窄光束投光灯，定向投射塔身部位，光斑拼接照亮整个塔身；用最低能耗的灯具，比原来亮度提高了15倍。

考虑了投射距离和投射位置，对光斑的畸变进行计算，使用特殊透镜，将光斑竖向拉伸，使到达塔身的光斑与被照亮处塔身等宽，避免逸散光，防止光污染。

（2）五环照明：应奥组委的要求，在塔顶和底部入口加入了两组五环雕塑，照明通过模块灯组精准投光，均匀照亮五环表面，灯具结合自旋转平台与雕塑一起转动，360°还原五环色彩，保障10公里范围内的高亮度可视，成为光之地标。

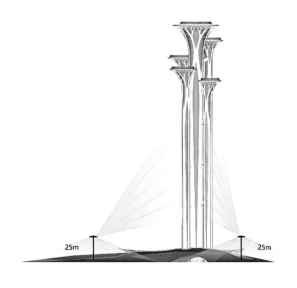
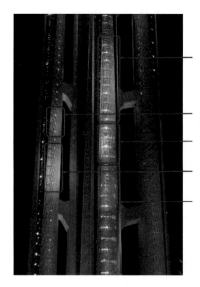

基准亮度：0.8cd/m²

5度290瓦
提高亮度1.1cd/m²

1度27瓦
提高亮度0.5cd/m²

3度85瓦
提高亮度2.9cd/m²

4度120瓦
提高亮度2.4cd/m²

4度30瓦
提高亮度1cd/m²

五环照明通过几类方案对比，综合奥组委规范要求，采用小功率极窄光束（2.5度角）投光灯定向投射，拼接光斑照亮五环，保障表面均匀度，且照明方式非常利于管理者后期维护，这是业主的关键要求。雕塑立于塔顶旋转底座，灯具体积小，紧贴底座安装，能跟随底座旋转，且有效减少风阻力。

2. 高效节能，绿色运营

精准投射，高效用光，避免逸散；达到绿色节能目标。建筑外立面功率密度值：平日基础模式为1.8W/m²，主题模式为5.3W/m²，完全实现绿色运营。整体提升后，亮度比例关系为冠环：塔冠：塔身≈12：5：1（原83：7：1），达到了设计的三个提升：整体效果、纵向亮度、色彩调和。

奥林匹克塔夜景新地标，无论是从景山轴线观望，还是从机场五环路远观，都是当之无愧、引领区域的标志性夜景建筑，演绎时刻更是吸引大量广场游人观赏、拍照，形成网络传播的景观新亮点！这就是设计最初的地标精神。

荣浩磊　曾任北京照明学会第七、八届副秘书长，现任北京照明学会副理事长，北京清控人居光电研究院院长。

北京照明学会建筑照明施工专业委员会发展历程

萧宏

北京照明学会建筑照明施工专业委员会自成立，历经30余载，更迭九届，由梅志林、张隆兴、张宏鹏、萧宏分别担任专业委员会主任。

建筑照明施工专业委员会成员由北京建筑安装行业各集团公司电气专业技术总工、技术负责人组成。建筑照明施工专业委员会委员分别担任着建筑电气工程技术相关国家规范、行业规范、地方规范的起草者、审查者，同时担任国家优质工程、地方优质建筑电气工程技术质量复查工作，他们不仅具有丰富的电气专业知识和经验、更具有令人钦佩的专业精神。

北京照明学会建筑照明施工专业委员会始终坚持"专业领先、学术创见、追求卓越、智造未来"的专业精神，以科学严谨、创新务实的专业思想主导专委工作，用专业的思维、视野和视角，深度参与、探讨、解读相关最新国家、行业、地方建筑电气工程技术质量规范，研讨、释疑、分享相关建筑电气工程专业科技问题，是具有权威性、专业影响力，凝聚力和号召力的建筑电气专业学术平台；是一个平等、开放的专业技术信息学习、交流、研讨、共享、推广知识的平台。

北京照明学会建筑照明施工专业委员会自从建立以来，始终以建筑电气科技创新发展为工作重心，广泛参与建筑电气工程的国家、行业、地方规范制定，重特大国家重点工程质量的检查督查，国家优质工程、地方优质工程的检查，并以优质工程检查为契机，提高行业建筑电气科技水平。

北京照明学会建筑照明施工专业委员会每年例行举办年会暨学术研讨会。研讨会由照明设计专业委员会、北京市建筑业联合会、电气工程师组织（EEO）协会组织及《建筑电气》杂志社等单位参加。

学术研讨会上，建筑电气设计、施工领域的权威专家，用多年设计、施工技术质量管理工作中积累的丰富经验，以科学严谨的学术态度，分享电气工程设计与施工图纸会审中的体会、经验，施工创优的控制要点和工艺做法，图文并茂的精彩专业技术内容讲解，深深吸引了广大会员。

建筑照明施工专业委员会以尊重知识、尊重专业人员价值为导向，构建理性思考、批判吸收、专业创新、平等交流的良好学术交流风气、氛围、环境，将打造建筑电气学术、管理领先，作为建筑照明施工专

业委员会的终极追求。科学的思维、追求科技的自然规律，让电气人内心充满自信、从容与淡定。

在任何社会体系中均存在各种各样的专业、思想意识共同体。北京照明学会建筑照明施工专业委员会将持有专业精神、精益求精、持之以恒的相同专业思想、相同专业愿景的人们聚合在一起，形成一个有别他人、执着坚守的专业规则的自我边界性共同体。

北京照明学会建筑照明施工专业委员始终坚持公平、公正的原则，通过无记名投票方式进行换届选举，程序合规、内容合规，为继承和发扬专委的优良传统，促进专业委员会的良性发展打下坚实的基础。

北京照明学会建筑照明施工专业委员组织专家编制了多项团体标准，如《建筑电气工程施工资料规程》《建筑电气工程施工工艺规程》，编制标准以国家规范为样本，从组织、框架、标准、内容先行讨论完善，确定科学、合理、创新，不照搬、不流于形式的编写原则。北京照明学会建筑照明施工专业委员团体标准引领建筑电气工程行业科技方向，为行业建筑电气工程质量奠定了基础。

建筑照明施工专业委员会核心价值观是创新建筑电气科技，体现建筑电气科技人员的知识和知识价值。当科技与态度、科技与思维完美结合的时候，会充分享受到科技带来的价值。

分享是一种态度，分享自然知识及知识规律，是一种学习交流的方式；在新理念、新技术不断涌现的今天，面临未知和困惑是每个专业技术人员面对的课题，建筑照明施工专业委员会与相关学会、协会专家联合举办学术研讨会。

创新的精髓是从封闭、内生的自主创新到合作式、联盟式的协同创新，再到无边界、平台型的开放式创新，这是技术发展的规律。云计算、物联网、大数据、智能等现代信息技术深刻改变着人类的思维方式，建筑照明施工专业委员会组织相关人员在参与编撰专业技术标准、规范的同时，结合国际电工委员会（IEC）标准内容，创新建筑电气科技，将建筑电气科技与智能化密切结合。

探索鲜有清晰边际的科技，就其深度、广度，人们终极一生也恐难达最高境界；知识的价值不仅在于知识体系的建立，更需要对知识充满好奇

与专注，不断思考、理解、吸收、完善。 建筑照明施工专业委员会将针对建筑电气工程科技质量、安全问题，经常性组织专业研讨会、沙龙、高级学术论坛，搭建交流、沟通、研讨、试验的科技信息交流渠道，释疑解答让每个参与其中的专业人员受益匪浅。

多年来，建筑照明施工专业委员会紧跟建筑电气专业科技革命的潮流，致力于建筑电气施工专业技术工艺及学术水平提高，如组织、邀请了许多设计、施工、监理领域界权威专家就建筑电气工程施工过程中的技术重点、难点召开电气工程专业技术研讨会，并策划举行了大量考察、观摩、调研、培训等活动。

成就经典，是建筑电气专业人员创立优质建筑电气工程的理想，北京照明学会建筑照明施工专业委员会的专业宗旨与其不谋而合，不忘初心，"一专经典、一事极致"是北京照明学会建筑照明施工专业委员会的终极追求！

萧宏 曾任北京照明学会第八届建筑照明施工专业委员会主任，现任北京照明学会副理事长、建筑照明施工专业委员会主任，北京城乡建设集团有限责任公司 高级专业主管。

北京城市照明：我行我素、稳重耐看

戴宝林

随着夜经济的推动以及人们对城市照明的需求，照明行业呈现出如火如荼发展的好势头。中国很多城市都通过城市亮化打造其夜间形象的特色名片，尤其是众多的一线城市，到了晚上，在不夜城的喧嚣下，一片灯火通明，色彩斑斓。但是北京，作为首都，其国家政治中心的城市定位，决定了她独特的城市照明风格。北京城市的照明，很少有花花绿绿的浓妆艳抹，而是始终保持着纯粹、典雅的形象，让人感觉整个城市非常端庄、稳重，而且这种特色已经成为北京城市鲜明的烙印，深深地印在城市建筑、城市夜景的每一处细节上。北京城市照明的主管部门北京市市政管委和照明技术支持单位北京照明学会对于北京城市照明的发展定位也始终坚持自己的原则，没有被其他城市日益喧闹的照明形式所影响，没有随波逐流，所以北京城市的照明可以说是我行我素，稳重且耐看！

一般而言，好看的城市照明都有或有水或有山的城市景观大背景，比如香港的维多利亚港，山水交融的夜景衬托出了香港的夜风情；上海的黄浦江映衬着浦西的万国建筑群和浦东高耸入云的现代化建筑；还有依托长江、嘉陵江打造出来的独特的重庆夜景观；当然也有像重庆濯水古镇等地，连绵的山体在灯光的照耀下，夜景就成了一幅诗情画意的立体山水画。

相比这种浑然天成的山水景观，北京城市从客观条件上是不具备的，所以也就无法做到依山傍水打造特色城市照明景观了。而且，从地形来讲，北京算是一个大平原，在城市中缺少一个得天独厚的观景平台。所以，北京另辟出路，以其政治中心的角色为特点，打造了与其他任何城市都不一样的特点。

我们都知道，能做成一个好的夜景照明，有两大非常重要的条件：一是有一个非常好的载体，二是在这个载体的基础上以灯光进行塑造、烘托和升华。北京没有西湖、没有维多利亚港那样的水域，但是北京有很多经典建筑：天安门、中国尊、鸟巢、水立方、中央电视塔、国贸CBD、国家大剧院、凤凰传媒中心、798艺术中心……这些建筑各具特色，本身就是非常好的照明载体。对于这类经典的建筑，照明就会以精致耐看为主导，追求整体品质，注重精雕细琢，通过照明对建筑内涵进行深化、升华后，在整个夜景氛围的渲染下，达到了看得见、记得住、留得下！比如，位于朝阳公园南门附近的凤凰国际传媒中心，它本身是一个体量不算太大的建筑，但是它的建筑造型有个性，灯光设计有新意，照明效果在每一处细节都

北京城夜景

北京新保利大厦夜景

重庆濯水古镇夜景

拿捏得恰到好处。所以这样的项目就是一个精品工程，值得看，而且是越看越耐看的项目。

　　北京城市还有一点做得非常好，那就是在项目亮化过程中，规划师、设计师、工程师、厂家等各方单位都尊重了建筑的本质，使灯光成为建筑内涵的一种延伸、一种提高和一种升华。北京摒弃了照明色彩上的花花绿绿，风格上沿用了沉稳大气的表现形式，这使得这些建筑虽历经风雨却依然保持经典。

　　北京是政治中心，举办政治活动和承接国际会议的机会比较多。比如2008年的奥运会、2014年APEC会议、2017年一带一路高峰论坛、2018年中非合作论坛北京峰会等，这些大事件都会伴随着有一定影响力的照明工程，而这些照明工程也几乎起到了样板工程的作用。所以，北京就依其独特的优势，以重大经济

北京凤凰国际传媒中心夜景

活动、政治事件、体育盛会等为主要节点，结合建筑、道路、会场等整体的亮化，突出大国风范、中国特色、中国文化，从而在城市空间尺度上起到了很好的引领作用，而且这种影响意义在其他很多城市也会得到延续和贯穿。

话又说回来，这些条件到位其实也就相当于一个城市的硬件，而一个好的城市照明规划不仅需要具备硬件，而且对软实力的要求也至关重要，软实力主要包括四个要素：

（1）开明的政府部门，不以外行指导内行，能够给予专业规划师或设计师充分的信任；

（2）设计师要能为项目全身心地投入；

（3）施工单位理解设计师的意图，有落地能力；

（4）产品有保障，供应商能够使出浑身解数积极进行配合。

好的城市照明规划离不开好的政府指导部门，离不开好的照明规划设计师，离不开好的施工单位，也离不开好的产品！所以只要这四个因素都达到了，那么就能打造出一个好的城市照明。

城市照明也是讲究时代感的，无论是照明的技术还是灯光的表现形式，都在与时俱进，而且也体现着城市不同时期的发展特色。对于北京城市而言，照明发展大概可以分为三个阶段。

第一阶段是以2008年奥运会的时间为节点。2008年以前，北京

中国尊夜景

的城市照明大多仅限于道路照明、迅速发展的夜景照明和重要建筑室内照明改造等方面。这个时期的照明，可以用朴素来形容，艺术表现形式比较简单，侧重功能性的需求。

第二个阶段是从2008年奥运会开始后到2014年北京雁栖湖APEC会议期间。在这个时期内，中国的经济、政治、体育等重大事件开始较多地出现，与事件相关的标志性建筑也开始作为展现北京城市夜景照明的重要载体，照明的形式开始多样起来，内涵也丰富起来，在之前功能性照明需求的基础上增添了很多艺术的表现形式，照明让夜间不仅亮起来了，而且也好看起来，这也引领了全国照明市场的蓬勃发展。

第三阶段是2014年APEC会议后到现在。全国智能照明开始大规模兴起，照明联动控制也逐渐成为行业新潮，而北京仍然保持着作为政治中心的稳重特质，没有随波逐流。朝阳CBD可以说是北京现代化城市照明的风向标，CBD各项目的照明规范都严格按照照明规划实施，随着CBD标志性建筑——Z15和Z14地块的中国尊和正大集团总部大楼的拔地而起，CBD的照明仍然保持着稳重和大气的风格，它倡导的是照明先进技术的创新和应用，包括照明智能控制系统等，所以这种技术主导打造出来的项目仍然会是高品质的精品工程，最终的夜景照明效果也一定会让人赏心悦目、经久耐看。

戴宝林　曾任北京照明学会第八届常务理事，现任北京照明学会常务理事、豪尔赛科技集团股份有限公司董事长。

北京宣武门教堂夜景照明
——回忆北京夜景照明设计施工的日子

江波

1999年既是世纪收尾，又是即将迎来新世纪之年。除了传统建筑张灯结彩喜迎世纪之年外，由北京市市政管委组织的北京市夜景照明建设从大北窑桥开始轰轰烈烈地开展起来。

我正是从东三环大北窑立交桥夜景照明方案投标开始步入建筑夜景照明行业的。原先只是做照明产品的销售工作，对建筑立面照明还比较外行，为了做好方案投标（当时设计和施工为一体），我还特地从台湾请了一位照明师为我们做指导，虽然没有中标，但从中学到了不少有关照明的知识。特别是室内跟室外照明的区别，及对建筑的认识与理解。最重要的是找到了照明行业的学术组织——中国照明学会及北京照明学会。

北京宣武门教堂夜景照明项目，就是在北京市市政管委贾建平处长组织领导和詹庆旋、肖辉乾、张绍纲、甘子光、刘世平、邴树奎、王大有等专家们的技术指导下完成的。

宣武门天主堂，现为北京天主教主教堂。共有三进院落，建筑立面为典型的巴洛克风格，宏伟的砖雕拱门，灰色的磨砖对缝墙体、主体建筑的砖结构，加上精美的雕塑、室内空间的穹顶、七彩的玫瑰花窗，整个建筑豪华而庄严。1996年该建筑被列为全国重点文物保护单位。

对于这样一个极具特色的建筑如何进行夜景照明，困难很大，学问也很多。从项目初设到项目落地，大到城市夜景照明规划、建筑学的指导，具体到照明技术与光艺术的结合，光强光色的控制与应用，眩光的避免和抑制，灯具的选型，节能及新光源普及和探讨等，北京照明学会的专家们亲临现场给予许多技术把关和指导，使我的夜景照明设计与施工的能力和水平上了一个大台阶。该项目也荣获了中国照明学会"中照夜景照明工程一等奖"。

岁月如梭，在北京照明学会成立四十周年之际，回忆二十年来我和企业的成长，想起创业之初在

学会的帮助下走过的路,非常感慨!作为学会的会员,祝愿我们的会员之家——北京照明学会越办越兴旺!

江波　曾任北京照明学会第七届理事,现任北京柒晓光合照明设计有限公司技术总监。

领衔行业发展，温馨会员之家
——纪念北京照明学会成立四十年

关利

2019年是北京照明学会成立40周年。40年来，北京照明学会团结奋进，开拓进取，与时俱进，立足行业技术前沿，研究技术，服务政府，助力会员，推广行业新技术、新产品、新理念，为城市照明行业发展，会员企业进步，作出了卓越贡献。作为参与学会工作30年的照明人，在不断的学习和实践中，耳濡目染，见证了北京照明学会的丰富历程和行业蓬勃发展，每每回忆都温暖如初，历历在目。

一、坚持宗旨，砥砺前行

在20世纪90年代，北京照明学会积极参与1999年首都重点地区夜景照明建设，深入现场和试验场所进行评估和调研。

二、专业进取，成就卓越

我经历的2003、2004、2012、2014年天安门地区夜景照明改造中，北京照明学会积极参与有关的设计指导、技术咨询、产品研发、评估论证、验收等工作，为首都景观照明建设，作出了卓越贡献。

三、积极推动行业进步和发展

北京照明学会在关注行业趋势，推动行业交流方面，多年来坚持不懈，发挥专家、学者优势，做了大量卓有成效的工作，始终站在国内同行业的前列。

四、浓浓深情，温暖人心

多年以来，北京照明领导机构几经变化，但历任学会领导，不忘初衷，带领会员，服务政府，专注行业发展，热心为会员单位解决困难和帮助成长，受到业界广泛好评，为照明人树立了典范。

祝北京照明学会蒸蒸日上，欣欣向荣！

关利　曾任北京照明学会第五、六、七届常务理事，第八届理事，第六、八届副秘书长，现任北京照明学会理事、副秘书长，北京雅力苑环境文化艺术有限公司总经理。

记"北京照明学会四十周年"有感

李继平　张千

　　北京平年照明技术有限公司作为北京照明学会的理事单位，在北京照明学会成立四十周年之际，回忆与学会共同走过的十来个年头。从初出茅庐到崭露头角，企业的发展与学会的支持和帮助密不可分。

　　公司成立初期，设计力量薄弱，走了许多弯路。通过不断地努力学习，加之学会专家老师们的耐心讲解，不辞辛苦的现场指导，毫无保留地将自己的经验予以分享，提出了非常宝贵的建议，使公司顺利地完成了如景山公园、北海公园等市属项目，取得了较多照明奖项，为设计甲级资质的取得打下坚实基础。

南中轴永定门夜景

德胜门夜景

北海白塔夜景

景山夜景

随着照明队伍的不断壮大，技术的发展创新，照明理念的更迭，学会不断组织学习培训，从传统灯具到更为轻巧的LED，使得表现更加细腻。这些活动让我们在交流中不断提升自己，与此同时，也为我们照明人提供了良好的平台，为企业迅速发展奠定了基石。公司有幸在学会的带动下，参与了北京地方标准照明技术规范的编制工作，使照明行业更加规范、有序。除此之外，让我们感受最深的是日常学会还定期对已完成项目的维护进行巡检，这不仅仅是一项贯穿始终的工作，也是一种鞭策，更是一种精神、一种力量的传达。我们相信会有越来越多的优秀企业成为家庭的一员，在此由衷地感谢北京照明学会对企业的帮助与支持，期待共同携手迎来更加辉煌的未来。

李继平　曾任北京照明学会第七届副秘书长，现任北京平年照明技术有限公司董事；张千　现任北京平年照明技术有限公司经理。

携手北京照明学会，共创美好未来

龚殿海　闫石

  北京照明学会历久弥新，从未停止勇往直前的脚步，40年孜孜不倦地追求着照明事业的发展。1979年3月2日，在北京市科协领导下，照明学会成立于北京。40年来，在中国共产党领导下，民主办会，团结、动员广大照明科技工作者，以经济建设为中心，通过开展多种学术活动为市政建设服务，为企业服务，为广大科技工作者服务，为发展首都北京照明事业而努力。

国家开发银行总部办公大楼

新中国国际展览中心

南昌滕王阁夜景

南昌八一广场夜景

　　北京新时空作为照明事业的从业者有幸在今天为北京照明学会送上诚挚的敬意。

　　新时空于2009年5月加入北京照明学会，细数走过的九个年头，新时空的进步与成长和学会对新时空持续的关怀与扶持是分不开的。新时空在京诸多项目的建设期间，北京照明学会在设计、方案、相关单位多方面协调等方面，给予的悉心而专业的指导，成就了新时空在京多个精品夜景照明项目的成功。例如，坐落在长安街上的国家开发银行总部、新中国国际展览中心等。这些项目先后闪耀北京夜空，成就城市夜景新名片。我们感到十分荣幸。在此，北京新时空科技股份有限公司向学会表示热烈而诚挚的祝贺！

　　以与北京照明学会合作的九年愉快的时光为背景，以未来更广阔的希冀为指南，在照明学会的扶助下，我们将共同打造更多精品项目，让美丽夜空更璀璨，让城市更美好。

　　以下为我司在北京照明学会扶持下的精品项目。

龚殿海　现任北京新时空科技股份有限公司董事长；闫石　现任北京照明学会理事，北京新时空科技股份有限公司总经理。

BPI在北京

李奇峰

BPI是国际上最早成立也是最主要的照明设计顾问公司之一,从1966年于纽约创始至今,一直活跃在照明设计领域。BPI和北京的渊源要追溯到进入中国之前,即开始以照明顾问的身份加入建筑师设计团队,参与北京中海油总部、融科资讯中心C座等项目,此时的北京刚刚完成了建国50年国庆的城市夜景建设,城市夜间形象焕然一新,天安门、正阳门、长安街的夜景成为中国城市建筑照明工程的典范,彩虹门、灯光隧道等独创性的照明设施成为全国各地竞相模仿的对象。

2003年BPI在上海开业后,先后承接了北京的首创朝阳中心、长安国际广场等商业项目,同时开始参与颐和园照明规划等极具挑战性的项目,得到北京照明学会多位专家的鼓励和支持。这一时期得益于各城市和团体间学术交流的广泛开展,我们参加了在北京、上海、天津召开的多次行业论坛,记忆特别深刻的是北京照明学会肖辉乾教授,不但以深厚的专业造诣、丰富的个人阅历使我们开阔了眼界,更深刻理解了城市照明的特点,肖老在会议间隙带着几斤重的专业相机到各地拍摄夜景,作为讲座和著作中的第一手资料,更是让人印象深刻。

2005年,BPI在北京开设办公室,正值北京为迎接2008年奥运会做准备,一批重要的商办建筑和高端酒店进入全面建设的时期。BPI相继参与并完成了东方梅地亚、金地中心、国贸三期A座(CWTC ⅢA)、北京环球金融中心(WFC)等大型项目的照明设计,这些项目进行过程中,得到学会王大有老师、李铁

长安塔夜景

金地中心夜景

泰康商学院室内照明

新浪总部室内照明

楠老师、汪猛老师多次直接指导，使设计方向得以进一步明确和完善。这些项目代表了那一时期北京商办建筑照明的最佳水平，充分展现了北京作为首都和国际大都市的风采，很多项目的灯光设施到现在依然保持了完美的效果。同时期BPI也完成了万达索菲特大饭店、北京励骏酒店、盘古大观酒店、富力万丽酒店等酒店建筑的室内照明设计，这些项目在北京奥运会期间全部作为接待酒店使用。

BPI作为一家专业照明设计公司，在北京先后承接了中石油总部、华能集团总部、国能总部等央企总部大厦的室内外照明设计，服务的项目也包括SOHO总部、新浪总部、百度总部、泰康商学院等企业的总部大厦。我们为首都博物馆所做的展示照明技术顾问则使我们在基于建筑背景下的出于展示目的的照明方面，获得了广泛的专业经验及知识积累。这些项目展现了革新的设计理念和完善的解决方案。

BPI作为北京照明学会的团体会员，还参加了学会提出并起草的国家标准GB/T35626-2017《室外照明干扰光限制规范》的编制，目前正在参加国家标准《室外照明干扰光测量规范》的编制。在参加标准编制的过程中，向学会的专家学到不少专业知识，受益良多。而我们的项目类型也从商业地产项目扩展到文化建筑、体育建筑、旅游建筑等多个领域。我们目前正在进行中的项目，如中国尊、正大国际广场、中国人寿大厦、新北京中心等，将代表新的高度。

李奇峰　现任北京照明学会理事、灯具专业委员会副主任，上海碧甫照明工程设计有限公司董事。

照明工程全过程服务模式简论

王春龙

在北京照明学会成立四十周年之际，作为北京照明学会的团体会员单位，我们结合自己的照明工程实践，就"照明工程全过程服务模式"的成果与同仁分享和探讨，望得到学会专家同仁的指导。

一、照明工程全过程服务模式的含义

照明工程全过程服务模式（以下简称全过程服务），是指在照明工程从项目立项到竣工（包括咨询策划、勘察设计、工程招投标以及工程项目实施和运营等）的全生命周期、全过程服务中，为项目决策、实施和运营持续提供局部或整体解决方案。在建筑和市政工程中，全过程服务已是一种新兴的模式和未来趋势，而在照明工程中，尚属首创。

二、必要性

传统的照明工程建设模式有如下特点：

1. 将照明项目中的咨询策划、立项、招投标、设计、施工等阶段人为分离，不仅增加了成本，造成项目的碎片化，也割裂了项目工程的内在联系，在这个过程中由于缺少整体把控，信息流被切断，很容易导致项目管理过程中各种问题的出现，使得业主难以得到完整的产品和服务。

2. 既抬高了工程建设的成本，也延长了建设周期，设计和施工多次发包，使项目质量大打折扣，同时，也存在诸多问题，如串标、围标、挂靠等各种常见的且难以根治的工程痛点、难点。

三、主要内容

1. 服务于业主：既是为其提供整体解决方案的照明顾问，又是熟悉工程设计、技术、产品和施工的专家，受业主委托，独立于客户。

2. 管理工程商：为其提供项目信息，对设计、产品、技术及施工过程服务，对项目回款安全等进行有效监督，类似于代甲方角色，有助于缩短项目工期，提高工程质量和项目品质，规避风险。

3. 节约投资成本：采用全过程服务的方式，使得其合同成本远低于传统模式下设计、造价、施工等参建单位多次发包的合同成本，通过优化设计、精细化管理等措施提高投资收益。

4. 有效缩短工期：一则可大幅减少业主日常管理工作和人力资源的投入，确保信息的准确传达，优化管理界面；二则可有效优化项目组织和简化合同关系，解决设计、造价、招标、施工等相关单位责任分离等矛盾，有利于加快工程进度，缩短工期。

5. 提高服务质量：可做到各专业工程无缝连接，对各施工企业的真实施工能力和产品质量有更深了解，提供有效经验，助推提高项目品质。

四、结语

北京信达电通科技发展有限公司凭借独特的商业模式，在行业内首次提出照明全过程服务，为业主搭

西安高新区规划设计与控制系统

重庆仙桃数据谷规划设计

建平台，为工程商服务，对行业内存在的痛点、难点提供切实有效的一揽子解决方案，此种模式已经在项目中实施，取得了较好的效果。

王春龙　现任北京信达电通科技发展有限公司总经理。

我们一起走过

"水立方"夜景（国家游泳中心提供）

丰硕的果实

本章汇集了北京照明学会四十年来所收获的主要学术成果，包括正式出版的科技书籍、编制并批准实施的各类标准、发行的学会刊物、编辑的各种技术文件及论文集、承接并完成的科研课题和调研报告等。

北京照明学会汇聚了照明界的各方专家，老、中、青人才济济。他们具有国际视野，紧跟照明科技前沿，潜心求索，不断创新；他们心系祖国照明事业的发展，关注行业的热点，坚持理论与实践结合，解决难题，成绩斐然；他们珍视学会的声誉，以奉献为荣，携手完成每一项课题，成果丰硕。回眸四十年，学术为先，春华秋实！

据不完全统计，四十年来，学会正式出版科技书籍20余种；编制并批准实施的各类标准、规范15余项；定期发行学会刊物《照明技术与管理》（季刊），截止到2018年12月共发行127期；编写各种技术文件、学术论文集及资料30余份；承接并完成政府主管部门下达的研究课题10余项；提交各类建议和调研报告20余份。

正式出版的科技书籍

- 《照明设计手册》首版于1998年（中国电力出版社），并先后于2006年、2016年修订再版第二版、第三版。主编姚家祎（第一、二版）、徐华（第三版），副主编任元会（第一、二、三版）、徐华（第二版）、姚家祎（第三版），学会许多专家参加了编写。

该手册系统地介绍了照明设计的内容及设计方法。主要内容涵盖照明设计基本概念，照明标准，照明光源、附件，照度计算，各类建筑室内照明，道路照明，夜景照明，应急照明，以及照明配电及控制，照明测量，照明节能和照明设计软件等。是建筑电气设计人员必备的工具书，受到全国广大从业人员以及大专院校相关专业师生的欢迎和广泛应用，2007年被指定为注册电气工程师（供配电）执业资格考试的参考书之一。获"中照照明教育与学术贡献"一等奖。

- 《城市夜景照明技术指南》出版于2004年（中国电力出版社），由学会与北京市市政管委共同组织编写。主编肖辉乾，副主编裴成虎、李晓华、王大有、赵建平。

该指南系统解析了城市夜景照明相关技术问题，主要内容包括夜景照明术语和定义、照明的基本原则和要求、规划及方案设计、建筑物及各类设施夜景照明设计、照明器材与设备、供配电与控制、施工与验收、维护与管理、节能与经济分析、光污染与防治等。是一本带指导性的实用工具类图书，在我国夜景照明建设中发挥了重要指导作用。获"中照照明教育与学术贡献"二等奖。

- 《电光源实用手册》出版于2005年（中国物资出版社），由北京电光源研究所与北京照明学会合编。主编赵革，副主编屈素辉、王东明。

该手册简介了光、光度、色度以及电光源分类、基本原理、常用单位及物理量等技术基础，共收录数

《照明设计手册》　　　　　　　　　　　　　　　　　　　　《城市夜景照明技术指南》

百个品种数千个规格的点光源产品，全面介绍了各类光源的基本参数、适用场所和选用要点，给出了国内外典型企业的产品资料，是我国第一部电光源大型工具书。该书的出版得到北京市优秀人才培养专项经费资助。获"中照照明教育与学术贡献"三等奖。

- 《绿色照明200问》首版于2008年（中国电力出版社），于2015年补充修订后再版，由中国照明学会与北京照明学会共同编辑。第一版主编戴德慈、汪猛；第二版主编王立雄、华树明；副主编高飞。

该书共分七篇，包括基础篇、光源篇、灯具篇、节能篇、环保篇、健康篇和应用篇。内容围绕"绿色照明"，面向青少年和广大社会公众，贴近读者，采用"一问一答"的方式，普及照明基本知识，传播节能、环保、健康的绿色照明理念，倡导绿色照明科学方法与措施，是大众喜爱的科普读物。该读物的出版得到中国科协和北京市科协的专项资助与支持，是学会多年坚持科普工作的结晶。该书获得"中照照明教育与学术贡献"一等奖。

- 《现代照明技术》出版于2009年10月（中国电力出版社），由北京照明学会组编，主编戴德慈、汪猛，编委王大有、王晓英、王东明和张秋燕。

该书精选了北京照明学会各方专家2002年～2008年在学会内部刊物上交流的学术论文共70余篇，分为"室内照明设计与研究"、"城市照明规划与管理"、"城市照明设计与研究"、"照明标准与检测"四部分。是学会许多专家多年来潜心求索、不断创新所收获的学术成果和工程实践作品。可供照明行业从事设计与科研的人员，照明光源、灯具生产企业和照明工程公司技术人员及政府主管部门管理人员阅读参考。

《电光源实用手册》

《绿色照明200问》

《现代照明技术》

《建筑电气工程施工资料编制指南及填写范例》出版于2017年（中国建筑工业出版社），由北京照明学会建筑电气施工专业委员会与陕西省建筑业协会联合组织编制。我学会建筑施工照明专业委员会主任委员萧宏，以及张大鲁、周卫新、金飞、赵刚、曹雪菲、安红印、张建华、颜勇、郑卫红、林巨鹏、申景阳、齐向勇、王耀鸿、康莉、王红静、王薇、吴月华、刘文山、张宏鹏、郑爱民、寇捷、刘焕维、曹裕平、崔昌富、廖科成等均为编委会专家。

该书以《建筑工程施工质量验收统一标准》GB 50300、《建筑电气工程施工质量验收规范》GB 50303等现行规范标准为基础，并依据北京照明学会标准《建筑电气工程施工资料管理规程》T/IESB0001-2017，坚持过程控制、

完善手段、强化验收、科学合理的原则，结合建筑电气工程施工特点和施工质量控制的实践经验编著而成。内容涵盖建筑电气工程施工各阶段质量控制、质量验收资料编制方法及内容，具有指导性和实用性。

国家标准图集、华北地区通用图集、设计图册

《建筑电气设计实例图册》（1）	中国建筑工业出版社	1998年
《建筑电气设计实例图册》（2）	中国建筑工业出版社	2000年
《照明装置》92DQ6	华北地区通用图集	2002年
《建筑电气设计实例图册　体育建筑篇》	中国建筑工业出版社	2003年
《建筑电气设计实例图册　消防篇》	中国建筑工业出版社	2004年
《建筑电气设计实例图册　医院篇》	中国建筑工业出版社	2004年
《特殊灯具安装》03D702-3	国家标准图集	2004年
《终端箱》05D704-3	国家标准图集	2005年
《建筑物防雷装置》92DQ13-1（与中国照明学会合编）	北京市标办	2005年
《用户终端箱》05D702-4（与中国照明学会合编）	中国建筑标准设计研究院	2005年
《太阳能光伏照明　光源手册》（与中国照明学会合编）	中国化工出版社	2009年

标准图集及设计图册

编制并批准实施的标准

编制：	DB11/T 388.1-.8-2006	城市夜景照明技术规范（系列标准）
	DB11/T 542-2008	太阳能光伏室外照明装置技术要求
	JGJ/T 163-2008	城市夜景照明设计规范（学会参编）
	GB 24460-2009	太阳能光伏照明装置技术规范（学会参编）
	GB 50617-2010	建筑电气照明装置施工验收规范（学会参编）
	DB11/T 731-2010	室外照明干扰光限制规范
	DB11/T 1247-2015	LED广告屏应用技术规范（学会参编）
	GB/T 35626-2017	室外照明干扰光限制规范
	T/IESB 0001-2017	建筑电气工程施工资料管理规程
修订：	DB11/T 388.5-2010	城市夜景照明技术规范 第5部分 安全要求
	DB11/T 388.7-2010	城市夜景照明技术规范 第7部分 施工与验收

DB11/T 388.8-2010　　　　　　城市夜景照明技术规范 第8部分 运行、维护与管理
DB11/T 243-2014　　　　　　　户外广告设施技术规范（与铁科院共同修编）
DB11/T 388.1~.8-2015　　　　 城市景观照明技术规范（系列标准）
T/IESB0001-2017　　　　　　　建筑电气工程施工资料管理规程

《室外照明干扰光限制规范》
GB/T 35626-2017

"中照照明教育与学术贡献"一等奖获奖证书与奖杯

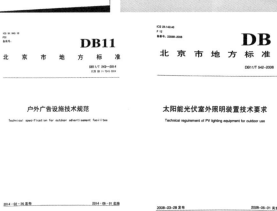

丰硕的果实　225

学会刊物《照明技术与管理》

　　1979年北京照明学会成立时就创办了会刊,第一期会刊刊名为《北京照明工程》,于1979年3月1日出版,1981年更名为《照明技术》,2000年更名为《照明技术与管理》。该刊物为季刊。历届理事会视"会刊"为学会之宝,一届传一届,四十年风云,四十年坚守,截止到2018年12月共发行127期。

　　该刊物宣传贯彻党和政府的科技方针政策,开展照明科技交流,发表最新照明科技成果和学术论文,报导照明科技动态,交流专业工作经验,普及照明科技基本知识,推广照明新技术、新产品、新设计,介绍学会和国内外照明学术组织的活动,在促进我国,特别是首都照明科技事业的发展中发挥了不可估量的作用。

学会刊物——创刊号《北京照明工程》、更名后的《照明技术》、《照明技术与管理》

学会技术文件、学术论文集等

《民用建筑照明设计指南》	（技术文件1号）	1981年
《舞台灯光常用术语及图例符号》	（技术文件2号）	1981年
《第一届学术年会论文集》		1981年
《照明计算指南》	（技术文件3号）	1983年
《照明节能措施与方法》	（技术文件4号）	1983年
《第二届学术年会论文集》		1986年
《纪念北京照明学会成立十周年暨第三届学术年论文集》		1989年
《建筑电气设计论文集》		1997年
《二十一世纪城市夜景照明技术与管理学术研讨会论文集》		2000年
《照明计量测试学术交流会论文集》		2000年
《新世纪照明技术发展与应用研讨会暨北京照明学会第四届年会论文集》		2001年
《自然光与太阳能在现代照明技术中的应用专题研讨会论文集》		2002年
《2002年影视舞台灯光网络与新技术研讨会论文集》		2003年
《古建筑照明技术研讨会论文集》		2003年
《2005年照明科技论坛（北京）论文集》		2005年
《立交桥夜景照明交流会论文集》		2009年
《LED照明学术研讨会论文集》		2010年
《北京市普通照明用LED产品推广应用调研报告》		2013年
《四直辖市照明科技论坛（北京）论文集》（共五集）		2001~2017年

技术文件及学术论文集

与中国照明学会、北京市新能源与可再生能源协会合编：

《太阳能光伏照明光源及附件研讨会论文集》　　　　　　2007年

《太阳能光伏照明光源及附件研讨会资料汇编》　　　　　　2007年

《太阳能光伏照明装置技术研讨会论文集》　　　　　　2007年

与中国照明学会合编：

《太阳能光伏照明光源及其附件研讨会邀请报告》　　　　　　2009年

《测量误差与测量确定度评定》　　　　　　2011年

《太阳能光伏照明技术与应用研讨会论文集》　　　　　　2011年

《LED在室内照明中的应用论文集》　　　　　　2011年

与中国计量院合编：

《半导体照明计量与测量技术研讨会论文集》　　　　　　2013年

技术文件及学术论文集（续）

丰硕的果实　227

承接并完成的研究课题、调研课题

研究及调研课题一览表

年份	项目来源	项目名称
2006	北京市市政管理委员会	北京城市照明标准体系研究
2007	北京市科学技术委员会	太阳能光伏室外照明装置技术保障体系研究
2011	北京市市政市容管理委员会	城市照明节能要求研究
2013	北京市发展改革委员会	北京市普通照明用LED产品推广应用调研项目
2014	北京市西城区市政市容管理委员会	西城区景观照明设施运行维护经费管理研究
2015	北京市发展改革委员会 北京市节能环保中心	普通照明用直管形LED灯技术要求
2017	北京市发展改革委员会 北京市节能环保中心	智能LED路灯技术要求
2017	北京市发展改革委员会 北京市节能环保中心	智能LED射灯技术要求课题研究

部分研究报告

专题建议和调研报告

在北京经济建设的各个时期，学会怀着服务首都、建设首都的强烈愿望，结合照明专业优势，积极主动向市政府及市科协提出相关专题报告和建议，得到市领导和市主管部门的重视和批示，对北京城市照明建设起到促进和技术指导作用。

建议及调研报告一览表

建议内容	年份
关于改善提高北京城市道路照明的建议	1980
关于首都北京城市夜景总体规划与实施方案的建议	1992
关于平安大道不易通行无轨电车的建议	1998
关于防止汞污染的建议	1999
北京城市夜景照明总体规划纲要的建议	1999

续表

建议内容	年份
关于修订办公建筑照明标准的建议	2001
关于修订学校教室照明标准的建议	2001
进一步完善北京市夜景照明总体规划的建议	2001
关于实施照明设计师资格认证的建议	2002
长安街及其延长线夜景照明现状及改进建议的调查报告	2002
二环路夜景照明现状调研和改进意见	2003
天安门地区夜景照明继续改进的具体方案和建议	2004
夜景照明工程行政审批技术审查要点	2004
关于更新改进中央电视塔夜景照明的建议	2006
二、三、四环路过街天桥照明现状调查报告	2006
北京市户外显示屏光参数调研报告	2007
中关村广场地下交通环廊照明考察测试报告	2007
关于继续实施"让农村亮起来"工程，使其达到良性循环的建议	2008

主要学术成果奖

获奖年份	项目名称	获奖名称及等级	备注
2007年	《照明设计手册》（第二版）	中照照明教育与学术贡献奖一等奖	
2007年	《城市夜景照明技术指南》	中照照明教育与学术贡献奖二等奖	合作单位：北京市市政管理委员会
2007年	《城市夜景照明技术规范》DB11/T 388-2006	中照照明教育与学术贡献奖二等奖	
2007年	《电光源实用手册》	中照照明教育与学术贡献奖三等奖	合作单位：北京电光源研究所
2012年	《绿色照明200问》	中照照明教育与学术贡献奖一等奖	合作单位：中国照明学会
2018年	《室外照明干扰光限制规范》GB/T 35626-2017	中照照明教育与学术贡献奖一等奖	

徐华代表《照明设计手册》（第二版）编写组领奖

肖辉乾、戴德慈分别代表《城市夜景照明技术指南》和《城市夜景照明技术规范》编制组领奖

我们一起走过

保利国际广场夜景（豪尔赛科技集团股份有限公司提供）

致　谢

在这本纪念专辑编辑的过程中，由于有了北京照明学会许多老前辈的关心与帮助，以及全体会员的大力支持，编辑工作才得以完成。

在此，我们要感谢为纪念专辑出谋划策、协助回忆、撰写文章、提供珍贵历史照片的北京照明学会的老前辈和会员：吴初瑜、肖辉乾、詹庆旋、杨臣铸、贾建平、戴德慈、邴树奎、徐华、赵建平、王大有、王晓英、姜常惠、李铁楠、荣浩磊、萧宏、戴宝林、江波、关利、李继平、张千、龚殿海、闫石、李奇峰、王春龙等（排名不分先后）。

感谢北京市科学技术协会办公室的同志为我们查阅并提供了北京市科学技术协会批复同意北京照明学会成立的极其珍贵的档案资料！

感谢北京市城市管理委员会前夜景照明处处长、北京照明学会第六届副理事长贾建平先生对编辑工作的大力支持！

感谢清华大学建筑设计研究院有限公司建筑师王彦博士为学会成立四十周年设计了纪念徽章！感谢清华大学建筑设计研究院有限公司为编辑工作提供的便利和支持！

感谢张勇先生为本专集翻拍的珍贵照片！

特别感谢上海碧甫照明工程设计有限公司、北京清控人居光电研究院有限公司、豪尔赛科技集团股份有限公司、北京新时空科技股份有限公司、北京良业环境技术有限公司和北京信达电通科技发展有限公司对本纪念专辑的出版所给予的赞助和大力支持！

所有这些将永远留在北京照明学会全体会员的美好记忆中！

天安门广场夜景（北京清华同衡规划设计研究院有限公司提供）